21世纪经济管理新形态教材·统计学系列

应用时间序列分析

赵春艳 ◎ 主编

清华大学出版社
北京

内 容 简 介

本书以主流时间序列分析为主要内容，涵盖线性、非线性时间序列分析，线性时间序列分析包括单变量平稳时间序列分析以及多变量非平稳时间序列分析，非线性时间序列分析包括常用的平滑转换自回归模型、阈值自回归模型、自回归条件异方差模型。本书内容阐述清晰、逻辑性强，突出时间序列分析方法思想的讲授，并辅以案例及软件实现过程、阅读材料、习题、原始数据等，便于读者掌握知识、学会应用。

本书可以作为经济类、管理类本科生和研究生教材，也可作为教师及经济管理工作者的参考用书。

图书在版编目（CIP）数据

应用时间序列分析 / 赵春艳主编. -- 北京: 清华大学出版社, 2024. 7. -- (21 世纪经济管理新形态教材).

ISBN 978-7-302-66843-5

Ⅰ. O211.61

中国国家版本馆 CIP 数据核字第 2024256QV5 号

责任编辑：付潭娇
封面设计：李伯骥
责任校对：王荣静
责任印制：杨　艳
出版发行：清华大学出版社

网　　址：https://www.tup.com.cn，https://www.wqxuetang.com
地　　址：北京清华大学学研大厦 A 座　　**邮　　编：**100084
社 总 机：010-83470000　　**邮　　购：**010-62786544
投稿与读者服务：010-62776969，c-service@tup.tsinghua.edu.cn
质 量 反 馈：010-62772015，zhiliang@tup.tsinghua.edu.cn
课 件 下 载：https://www.tup.com.cn，010-83470332

印 装 者：北京嘉实印刷有限公司
经　　销：全国新华书店
开　　本：185mm×260mm　　**印　张：**10.5　　**字　　数：**227 千字
版　　次：2024 年 7 月第 1 版　　**印　　次：**2024 年 7 月第 1 次印刷
定　　价：49.00 元

产品编号：100611-01

总 序

习近平总书记在 2018 年全国教育工作会议上的重要讲话，对新时期教育工作作出重大部署，深刻回答了我国当前教育改革发展的重大理论与现实问题，形成了系统科学的新时代中国特色社会主义教育理论体系，为加快推进教育现代化、建设教育强国提供了强大思想武器和行动指南。为了贯彻总书记重要讲话精神，全面落实立德树人根本任务，西安交通大学经济与金融学院联合清华大学出版社推出高水平经济学系列教材。本系列教材不仅是编著者多年来对教学实践及学科前沿知识的总结和凝练，也融合了学院教师在教育教学改革中的新成果。

西安交通大学经济与金融学院一贯重视本科教育教学，始终将为党育人、为国育才摆在各项工作的首位。学院教师在“西迁精神”的感召和鼓舞下，坚守立德树人初心，全面推行课程思政，全力培养德智体美劳全面发展的社会主义建设者和接班人；深刻理解和把握“坚持扎根中国大地办教育”的自觉自信，立足时代、面向未来，把服务新时代中国特色社会主义的伟大实践作为办学宗旨，力争为发展中国特色、世界一流的经济学教育贡献力量；积极应对新技术革命带来的新业态、新模式为经济学教育带来的挑战，主动适应新文科经济学专业人才培养的跨学科知识要求，充分发挥西安交通大学理工学科优势，探索如何实现经济学科与理工学科交叉、融合，努力将新一轮技术革命背景下经济金融学科的新发展和前沿理论纳入教材；深刻理解和把握教育改革创新的鲜明导向，注重数字技术与传统教育融合发展，推动经济学数字化教育资源建设。

本系列教材有如下特点：一是将思政元素引入教材的每个章节，实现思政内容与专业知识的有机融合，达到“润物细无声”的思政育人效果。二是将我国改革开放的伟大实践成果写入教材，在提升教材时代性和实践性的同时，培育大学生的家国情怀及投身中国式现代化建设的使命感和荣誉感，增强四个自信。三是对数字经济、金融科技等经济金融领域中的新业态、新技术、新现象加以总结提炼成教材，推动了不同学科之间的交叉融合，丰富和拓展了经济金融学科体系，培养学生跨领域知识融通能力和实践能力。四是将数字技术引入教材建设，练习题、阅读材料等均以二维码形式显示，方便读者随时查阅。与此同时，加强了课件、教学案例、课程思政案例、数据库等课程配套资源建设，实现了教学资源共享，扩展了教材的内容承载量。

教材建设是落实立德树人根本任务、转变教育教学理念、重构学科知识结构的基础和前提，我们希望本系列教材的出版能为新时代中国经济学高等教育的高质量发展奉献绵薄之力。

孙早

2023 年 8 月

前言

作为计量经济学的分支，时间序列分析研究单变量、多变量时间序列的建模理论与方法，是一门应用性非常强的学科，在经济、管理领域的各个方面都有广泛的应用。掌握时间序列分析理论与方法可以增强对社会经济现象定量分析的能力，强化经济问题研究的手段，提高实际工作的决策水平。

本书共包括 12 章内容，系统地阐述了时间序列分析的理论和方法。前 7 章讲授单变量平稳线性时间序列分析的内容，第 8、9 章讲授多变量非平稳线性时间序列分析的内容，第 10、11、12 章讲授非线性时间序列分析的内容。根据编著本书的初衷，本书有如下几个特点。

（1）突出引入思政元素。书中引入的例题绝大多数来自于实际经济数据，通过量化数据和背景解析两个方面设计合理的“思政要点与育人目标”，通过运用时间序列分析理论与方法对相关数据的量化分析，帮助学生了解当下中国经济现实；同时，在时间序列分析的理论讲解中将辩证思维、实事求是等统计思想传授给学生。

（2）突出时间序列分析理论的思想讲授。为使学生能深入理解时间序列分析理论与方法，本书侧重讲述相关理论与方法的原理、思想，让学生能知其所以然，并能灵活应用。

（3）突出地厘清时间序列分析内容脉络并介绍最新研究成果。时间序列分析的内容庞杂，有不同分支，本书以主流时间序列分析内容设计，同时将各分支的关系讲清楚，让学生了解时间序列分析发展的脉络，并将最新研究成果介绍给学生。

（4）突出统计分析软件的使用。每章例题均附有相关的 Eviews 或 R 软件操作步骤，希望在说明时间序列分析方法应用的同时教会学生使用统计软件。

本书可以作为经济类、管理类本科生和研究生教材，也可作为教师及经济管理工作者的参考用书。

本书是在作者多年讲授时间序列分析的讲稿基础上完成的，其中，第 12 章由西安交通大学经济与金融学院张飞鹏教授撰写，最后由编者定稿。

本书的完成得到了多方面的支持和帮助。首先，本书获得西安交通大学经济与金融学院高水平教材出版计划的资助，感谢学院领导、同事在编写过程中给予的指导和帮助；其次，本书获得了教育部产学研合作项目“时间序列分析课程建设”的资助，获得合作企业——北京百智享公司的资助；最后，感谢清华大学出版社的领导和编辑同志，他们以严谨、认真的工作态度保证了本书的顺利出版。

在本书的编写过程中，同瑶、郭冉、李强、王良卓秀、肖淇方、贺瑶、王璐等同学在资料搜集、例题的软件实现方面做了大量的工作，在此一并表示感谢。

本书的编写中，部分例题参考了相关文献（见参考文献），在此向文献作者表示感谢。

笔者深知教材建设对教学的重要性，力争为时间序列分析的教材建设贡献绵薄之力，但是书中还有许多缺陷和不足，恳请读者批评指正。

编者

2023 年 11 月于西安交通大学

目录

第 1 章

导　论

1.1　概　　念

时间序列的常见数据，在经济领域，人们会观测每日股票收盘价、每月价格指数、产品的年销售量等；在气象上，人们会观测每天的最高温度和最低温度、年降水与干旱指数、每小时的风速等；在农业上，人们会记录每年作物和牲畜产量、土壤侵蚀、出口销售等。作为计量经济学的一个分支，时间序列分析在计量经济学中占有重要地位，进行时间序列分析的目的主要有两个方面：一是认识产生时间序列的随机机制，即建立数据生成过程的模型；二是基于序列的历史数据，对序列未来的可能值给出预测或预报。

1.1.1　时间序列

时间序列是指被观察到的、依时间为序排列的数据序列。它的特点如下。

（1）现实的、真实的一组数据，而不是实验数据。时间序列是反映某一现象的统计数据，它包含了现象的变化规律。

（2）动态数据。时间序列数据反映了现象变化的动态性，对其进行分析可以描述现象的长期、短期变动规律。

时间序列所蕴含的规律会表现出各种特征，这也就是人们对它进行分析的意义所在，下面举几个典型的时间序列数据。

例 1.1.1　1820—1869 年的太阳黑子数据，见图 1.1.1。该图中，横轴是时间指标 t（在这里的 t 以年为单位），纵轴表示在 t 年太阳黑子个数的观测值，这种图被称为时间序列图。由图 1.1.1 可知，该数据具有一定周期性规律，周期大约为 11 年，且波动幅度较大。

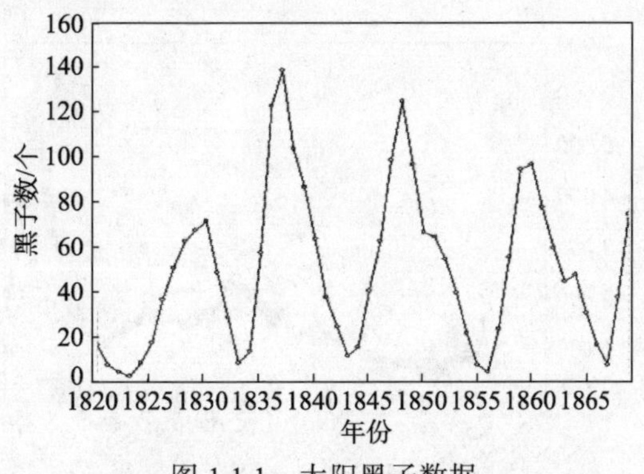

图 1.1.1　太阳黑子数据

例 1.1.2　国内生产总值（GDP）是对一国（地区）经济在核算期内所有常住单位

生产的最终产品总量的度量，常被看成反映一个国家（地区）经济状况的重要指标。本例给出了我国 1978—2007 年 GDP 数据（单位：亿元）的时间序列图（图 1.1.2）。该数据具有明显的趋势性。

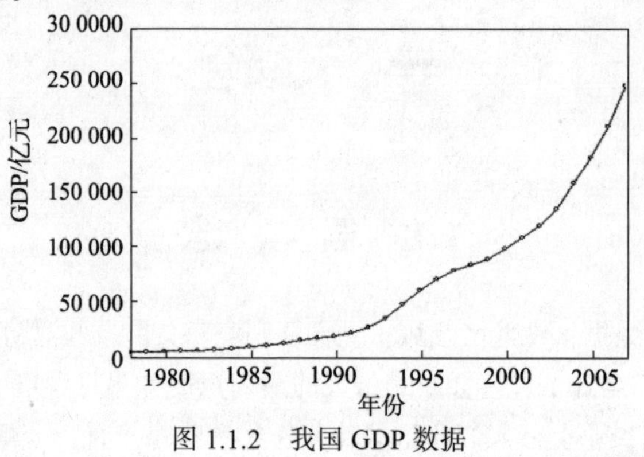

图 1.1.2　我国 GDP 数据

例 1.1.3　1992 年第 1 季度—2008 年第 1 季度我国 GDP 季度数据，见图 1.1.3。该数据既有明显周期性，也有趋势性。季度 GDP 受季节影响，呈现明显的波动特征；同时，随着时间推移，数值逐渐增加而呈现趋势性，而在图 1.1.2 的年度 GDP 数据中就看不到季节性,因为年度数据是对季度数据的总和,在加总中季度数据的差异被抹杀掉了。

例 1.1.4　1990 年 12 月 19 日—2008 年 4 月 18 日上证 A 股指数日数据（除去节假日，共 4386 条数据），见图 1.1.4。该数据属于高频数据，呈现了随机波动的杂乱特征。

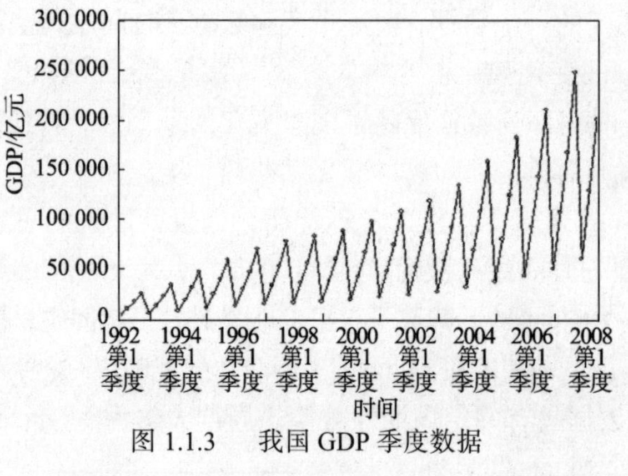

图 1.1.3　我国 GDP 季度数据

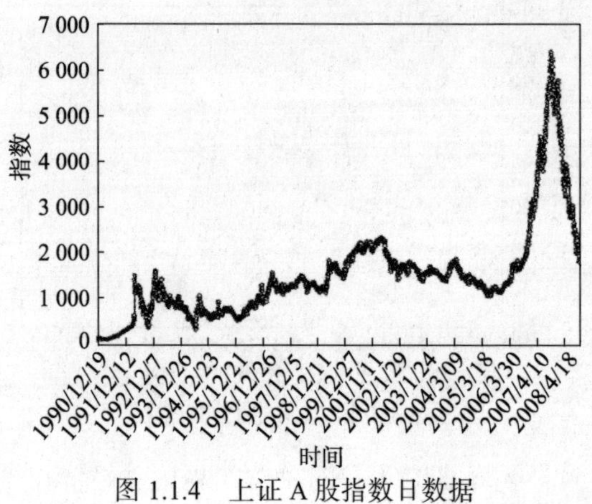

图 1.1.4　上证 A 股指数日数据

例 1.1.5 在时间序列的理论研究中，人们经常会用到模拟数据，图 1.1.5 是根据 $y_t = 0.1 + y_{t-1} + u_t$ 得到的模拟数据图，该数据的趋势中有随机波动，是两个特征的结合。

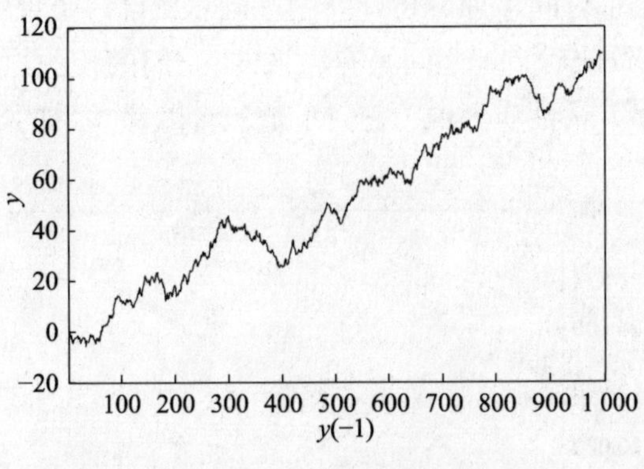

图 1.1.5 单位根模拟数据

1.1.2 时间序列分析

时间序列分析是一种根据动态数据揭示系统动态结构和规律的统计方法，其基本思想是根据系统有限长度的运行记录，建立能够比较精确地反映序列中所包含的动态依存关系的数学模型，并借以对系统的未来进行预报。具体来说，时间序列分析的本质是根据现有的样本数据所包含的相关性建立数学模型，并将模型的规律外推后进行预测。

时间序列分析的思想与经典的计量经济学的建模思想是不同的。经典的计量经济学的模型属于结构式因果模型，也就是说，要解释一个现象的变动规律时，先要在理论上说明哪些因素是影响它变动的因素，将各因素量化后再进行建模分析。例如，人们熟悉的消费函数模型可以解释消费的变动，其中，收入是人们考虑的主要因素，它的图形如图 1.1.6 所示，可以发现两变量有协同变动的趋势，而图 1.1.7 中，以收入为横坐标、以支出为纵坐标绘制的散点图显示，两者存在明显的线性关系。

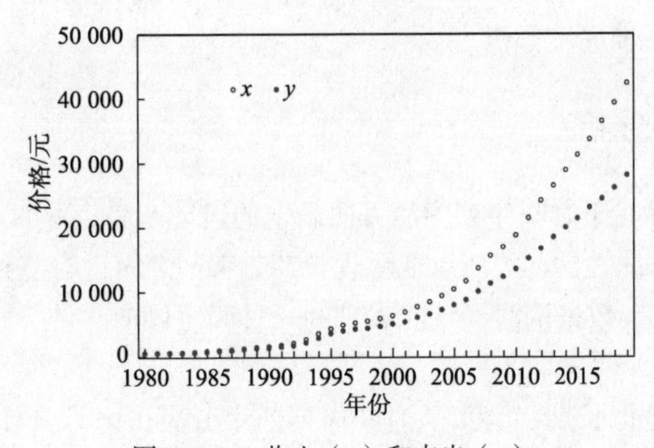

图 1.1.6 收入（x）和支出（y）

单变量时间序列建模思想与经典计量经济学建模思想更是不同的。因为，不是所有的现象变动都可以找到影响因素，另外，有一些影响因素也是不能被量化的。例如，股票价格变动受企业业绩、政策、投资人心理预期、随机因素等的影响，这里有些因素（如投资人心理预期）就是无法被量化的。计量经济学家认为，尽管影响现象发展的因素无法探求，但其结果之间却存在着一定的联系，可以用相应的模型表示出来，尤其在随机性现象中。这就是单变量时间序列分析建立的基础：来自一个现象的数据，由于现象发展变化具有关联性，导致前后数据之间是有联系的，它们的相关性可以用模型表示出来，就形成了时间序列模型。从性质上说，它们不是包含因果关系的模型，是将结果间的相关性体现出来的模型。

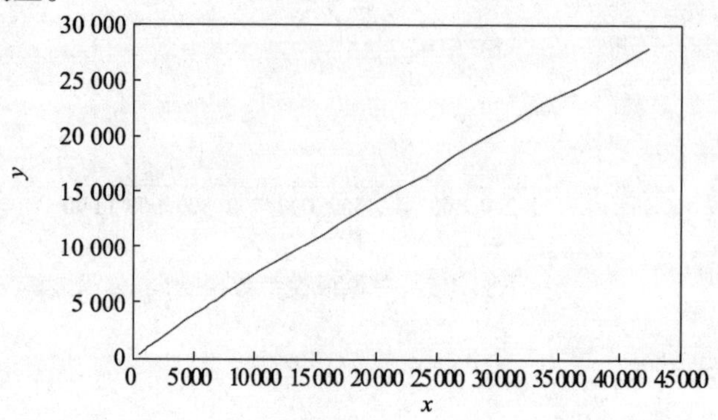

图 1.1.7 收入（x）和支出（y）线性关系

1.2 时间序列构成要素的分析

依据特征可以将时间序列分为长期趋势（Trend，T）、季节变动（Season，S）、循环变动（Cycle，C）和不规则变动（Irregular，I），也可以说，一个完整的时间序列（Y）是由上述四个部分构成的，它们与序列值之间遵循乘法或加法关系，即

$$Y = TSCI$$

或

$$Y = T + S + C + I$$

时间序列每一部分的性质、特征不一样，在分析时人们通常会把各构成因素从序列值中分离出来，进一步进行分析。

1.2.1 长期趋势分析

长期趋势是指存在于时间序列中的方向确定的运动态势，它可以是向上的、向下的，也可以是线性的、非线性的。之所以能呈现长期趋势，是因为有某种确定因素持续、恒定地影响时间序列值，数据依时间变化表现为一种确定倾向，它按某种规则稳步地增长或下降。

长期趋势分析是把长期趋势值从时间序列值中分离出来，具体的方法有移动平均法、模型拟合法、指数平滑法等。

这里介绍移动平均法和模型拟合法，并比较它们的差异。

1. 移动平均法

移动平均法就是计算几项数据的平均值，且以固定项数不断向后移动计算平均数，利用所得到的平均数表示趋势值，对应的时期是移动项数的中间时期。移动平均法利用了平均数的性质来修正数据得到趋势值，趋势值是贯穿于数据中的不可观测的量，它引导序列值围绕它波动，因为“贯穿”的性质，所以把高低起伏的原始数据平均后，就可以得到贯穿在原始序列值中的趋势值。同时，移动平均保证了得到的趋势值能随着序列值的变化而变化。

例 1.2.1 某企业历年产品销售情况如表 1.2.1 所示，试分析其长期趋势。

将数据作图，如图 1.2.1 所示。序列值有明显的长期趋势和季节变动特征，为消除季节变动对长期趋势值的影响，取 $N=4$ 进行移动平均，结果如表 1.2.1 的第四、第五列所示。偶数项被移动平均后，平均数对应的是两期数据中间，此时，需要为相邻两项值计算平均数，该平均数就是对应时期的趋势值。例如，第一个移动平均值是 23.68，是前四期的平均值，对应的是第 2.5 期，第二个平均值是 25.45，对应的是第 3.5 期，将 23.68 与 25.45 平均后，平均值 24.56 对应的就是第一年第 3 季度，是它的趋势值。

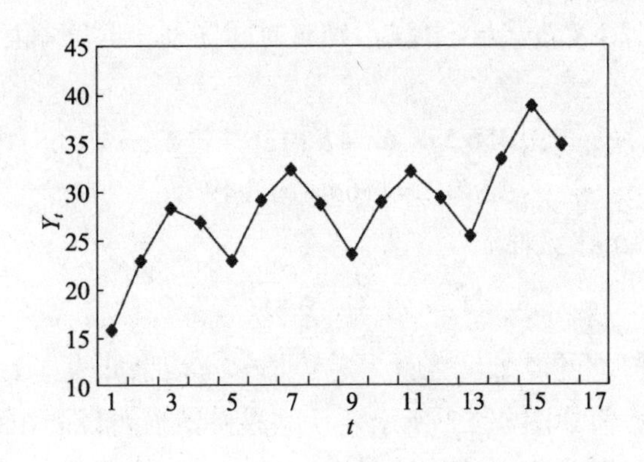

图 1.2.1 某企业历年产品销售

需要注意的是：①移动项数为偶数时，要进行二次平均。②对于有季节性波动的序列，移动的项数要与季节性波动的周期一致，这是为了消除季节性对趋势值的影响，如果移动平均项数与季节周期不一致，季节性的高低起伏变化会对趋势值计算有影响；而如果两者一致，移动平均的将一直都是一个周期内的数值，只是可能是跨年度的，这样可以消除季节性的影响。

2. 模型拟合法

模型拟合法是通过模型拟合得到趋势值，通常拟合的是直线模型。设有时间序列 $\{Y_t\}$ $(t=1,2,\cdots,n)$，对其拟合直线方程为

$$Y_t = a + bt(t = 1,2,\cdots,n) \tag{1.2.1}$$

$\hat{Y}_t$ 为 Y_t 的估计值或趋势值。通常用最小二乘法（OLS）估计 a、b，OLS 估计参数的原理是时间序列值与它们各自的估计值之间的离差平方和最小，也就是满足

$$Q = \sum_{t=1}^{n}(Y_t - \hat{Y}_t)^2 = \min \tag{1.2.2}$$

$$Q=\sum_{t=1}^{n}(Y_t-a-bt)^2=\min \tag{1.2.3}$$

为使剩余平方和最小，有

$$\frac{\partial Q}{\partial a}=2\sum_{t=1}^{n}(Y_t-a-bt)(-1)=0 \tag{1.2.4}$$

$$\frac{\partial Q}{\partial b}=2\sum_{t=1}^{n}(Y_t-a-bt)(-t)=0 \tag{1.2.5}$$

简化后为

$$\begin{cases}\sum_{t=1}^{n}Y_t=na+b\sum_{t=1}^{n}t\\ \sum_{t=1}^{n}Y_t\cdot t=a\sum_{t=1}^{n}t+b\sum_{t=1}^{n}t^2\end{cases} \tag{1.2.6}$$

利用 OLS 对例 1.2.1 数据拟合直线。先对时间序列中时间赋值，如表 1.2.1 所示，代入式（1.2.6）有

$$\begin{cases}456.5=16a+b\times 136\\ 4\,170.2=136a+b\times 1\,496\end{cases} \tag{1.2.7}$$

解方程得 a=21.31，b=0.85，则

$$\hat{Y}_t=21.31+0.85t \tag{1.2.8}$$

将时间项代入方程，可得 $\hat{Y}_t$，也就是趋势值 T，结果如表 1.2.1 所示。移动平均法和直线模型得到的趋势值如图 1.2.2 所示。从结果及图形可以看出两种方法的区别，直线模型得到的趋势值每期以固定的数值增加，而移动平均法得到的趋势值则是波动的，将随数据的变化而变化。实际经济数据很少有直线性质的趋势值，所以，移动平均法得到的趋势值应用最广，例如，它是 X-11 季节调整方法的基础。

表 1.2.1　长期趋势分析

年	季度	销售量（Y）	移动平均数 $N=4$	二次移动平均数（T）	t	t^2	tY_t	T
第一年	1	16.0	—	—	1	1	16	22.16
	2	23.0	—	—	2	4	46	23.01
	3	28.6	23.68	24.56	3	9	85.8	23.86
	4	27.1	25.45	26.24	4	16	108.4	24.71
第二年	1	23.1	27.03	27.53	5	25	115.5	25.56
	2	29.3	28.03	28.25	6	36	175.8	26.41
	3	32.6	28.48	28.54	7	49	228.2	27.26
	4	28.9	28.6	28.58	8	64	231.2	28.11
第三年	1	23.6	28.55	28.53	9	81	212.4	28.96
	2	29.1	28.5	28.59	10	100	291	29.81
	3	32.4	28.68	28.91	11	121	356.4	30.66
	4	29.6	29.15	29.73	12	144	355.2	31.51
第四年	1	25.5	30.3	31.13	13	169	331.5	32.36
	2	33.7	31.95	32.63	14	196	471.8	33.21
	3	39.0	33.3	—	15	225	585	34.06
	4	35.0	—	—	16	256	560	34.91

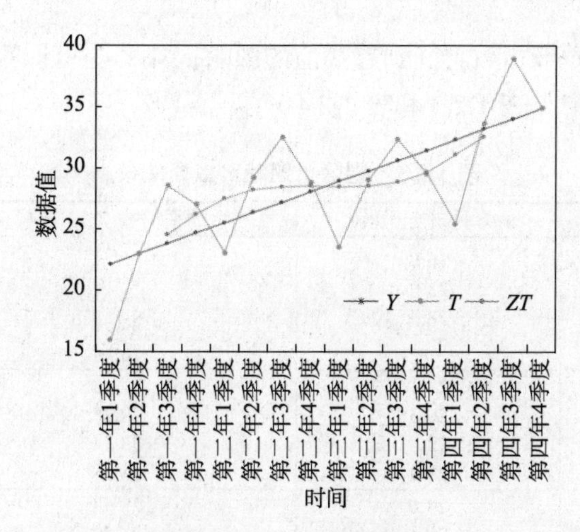

图 1.2.2 长期趋势值

注：*Y*—序列原始值，*T*—移动平均法趋势值，*ZT*—模型拟合趋势值

1.2.2 季节性分析

受季节更替等因素影响，序列依一个固定周期而规则性的变化被称为季节性，又称商业循环。时间序列之所以呈现季节变动特征，是因为变化是受季节的更替影响而形成的，多见于季节性商品的销售、生产等，例如，冷饮、汗衫等。近年来，季节性分析还包括节假日对序列的影响等。与一般意义上的经济周期序列不同的是，季节性序列的周期长度是固定的，因为四季的更替是固定的，且没有两个经济周期的长度是一样的。

季节性分析的方法主要是计算季节指数，季节指数的计算如式（1.2.9）所示。

$$季节指数=\frac{同月（或季）平均数}{总月（或季）平均数} \tag{1.2.9}$$

式（1.2.9）中，分子是由各月（或季）序列值计算得出的平均数，由于处于相同月或季，受季节影响的数值比较接近，所以，分子代表某月或某季的平均水平值；分母是所有序列值的平均数，消除了季节对序列值的影响。季节指数表示某月或某季相对平均值的大小，当季节指数大于 1 时，其被称为旺季；当季节指数小于 1 时，其被称为淡季。

例 1.2.2 对例 1.2.1 数据进行季节性分析，见表 1.2.2。

表 1.2.2 季节性分析

	1	2	3	4	
第一年	16.0	23.0	28.6	27.1	
第二年	23.1	29.3	32.6	28.9	
第三年	23.6	29.1	32.4	29.6	
第四年	25.5	33.7	39.0	35.0	
各年同季平均数	22.05	28.78	33.15	30.15	总平均数（28.53）
季节指数（%）	77.29	100.88	116.19	105.68	400.04
整理后的季节指数（%）	77.28	100.87	116.18	105.67	400

注：四个季节指数的合计应为 400%，不满足则需要进行调整，即：调整各季节指数 $=\frac{400\%}{实际合计数}\times$ 各季节指数 。

用原始数据计算季节指数会受到趋势值的影响，因此，在计算季节指数时，要先扣除趋势值的影响，结果见表 1.2.3 和表 1.2.4。

表 1.2.3 剔除长期趋势数据结果

年	季度	销售量 Y（万元）	移动平均数 T（$N=4$）	Y/T (%)
第一年	1	16.0	—	—
	2	23.0	—	—
	3	28.6	24.56	116.45
	4	27.1	26.24	103.28
第二年	1	23.1	27.53	83.91
	2	29.3	28.25	103.72
	3	32.6	28.54	114.233
	4	28.9	28.58	101.12
第三年	1	23.6	28.53	82.72
	2	29.1	28.59	101.78
	3	32.4	28.91	112.07
	4	29.6	29.73	99.56
第四年	1	25.5	31.13	81.91
	2	33.7	32.63	103.28
	3	39.0	—	—
	4	35.0	—	—

表 1.2.4 剔除长期趋势的季节指数

	1	2	3	4	
第一年	—	—	116.45	103.28	
第二年	83.91	103.72	114.23	101.12	
第三年	82.72	101.78	112.07	99.56	
第四年	81.91	103.28	—	—	
各年同季度平均数	82.85	102.93	114.25	101.32	总平均数（100.34）
季节指数	82.57	102.58	113.86	100.98	400
季节指数（%）未去趋势	77.28	100.87	116.18	105.67	

比较两个季节指数可以发现，剔除趋势值后，季节指数间的差距明显减小。

1.2.3 循环变化分析

循环变化是指序列值呈现的周期不固定的波动变化，类似经济周期的特征。对循环变化没有确定的分析方法，人们常常将之与随机性变化合在一起分析。 在具体分析时，需要把趋势值和季节变动剔除，即

$$\frac{Y}{T \cdot S} = C \cdot I \tag{1.2.10}$$

对剩余的 $C \cdot I$ 进行移动平均，进一步消除随机波动的影响，余下的就是循环变动，结果见表 1.2.5。

表 1.2.5 循环变化结果

年份	季度	销售量 Y(万元)	T	S(%)	$Y/(T \cdot S)$	移动平均数(N=3)C	随机波动项 I
2015	1	16.0	—	82.57	—	—	—
	2	23.0	—	102.58	—	—	—
	3	28.6	24.56	113.86	102.27	—	—
	4	27.1	26.24	100.98	102.28	102.06	100.22

续表

年份	季度	销售量 Y(万元)	T	S(%)	$Y/(T\cdot S)$	移动平均数(N=3)C	随机波动项 I
2016	1	23.1	27.53	82.57	101.62	101.67	99.95
	2	29.3	28.25	102.58	101.11	101.02	100.09
	3	32.6	28.54	113.86	100.32	100.52	99.80
	4	28.9	28.58	100.98	100.14	100.21	99.93
2017	1	23.6	28.53	82.57	100.18	99.85	100.33
	2	29.1	28.59	102.58	99.22	99.27	99.95
	3	32.4	28.91	113.86	98.43	98.75	99.68
	4	29.6	29.73	100.98	98.60	98.75	99.85
2018	1	25.5	31.13	82.57	99.21	99.50	99.71
	2	33.7	32.63	102.58	100.68	—	—
	3	39.0	—	113.86	—	—	—
	4	35.0	—	100.98	—	—	—

1.2.4 不规则变化分析

对不规则变化分析，以前的分析认为它是由随机因素引起的，没有进一步研究的必要，但是，后来的研究发现，不规则变化序列前后值之间是有联系的，可以用模型再现它们的规律，这就是人们常说的时间序列分析，也是本书时间序列分析的对象。也就是说，对一般的时间序列序列，要剔除掉它的趋势、季节、循环部分后才能进行时间序列分析。

例 1.2.1 中时间序列的季节波动、循环波动和不规则波动结果分别如图 1.2.3、图 1.2.4 和图 1.2.5 所示。

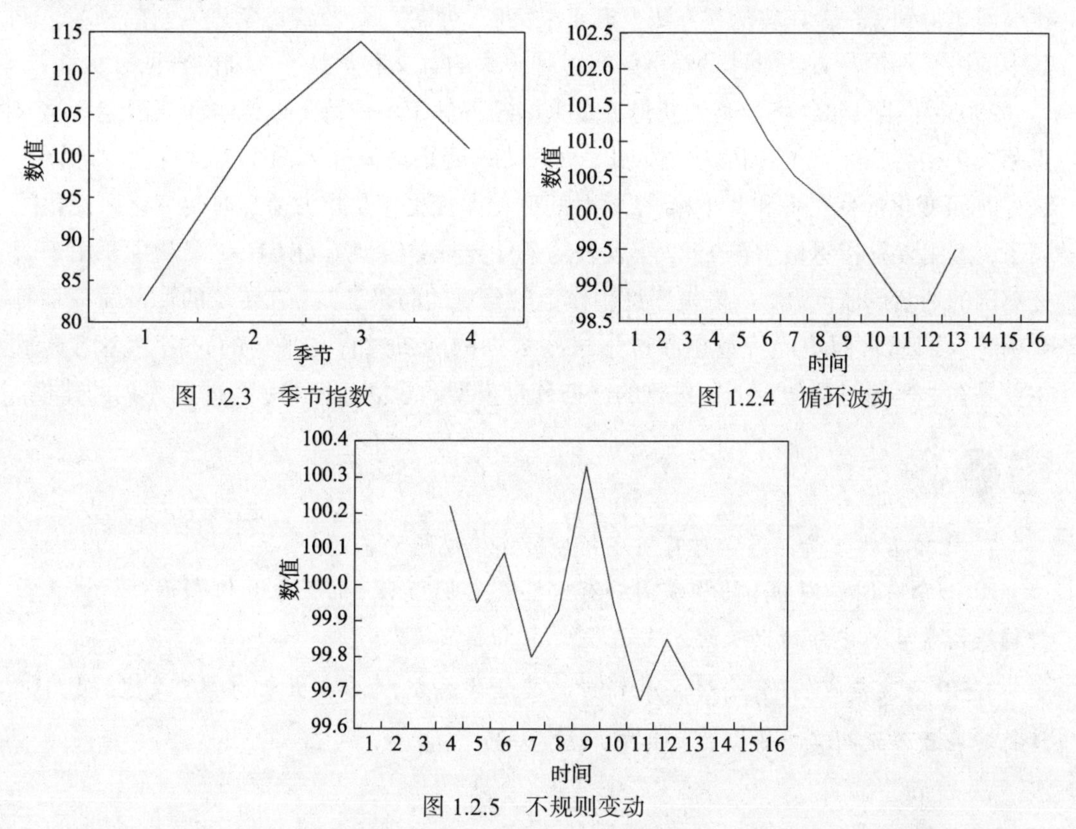

图 1.2.3 季节指数

图 1.2.4 循环波动

图 1.2.5 不规则变动

上述不同构成因素从时间序列分离出来的方法，从性质上说可以分成两类，见图 1.2.6。趋势变化分析、周期变化分析及循环变化分析属于确定性分析，因为这些因素变化的方向和量是确定的，而不规则变化的方向和量则是随机的。

时间序列分析
- 确定性变化分析
  - 趋势变化分析
  - 周期变化分析
  - 循环变化分析
- 不规则变化分析 AR、MA、ARMA

图 1.2.6　时间序列分析结构

1.3　时间序列分析发展历史

时间序列分析理论与方法是 20 世纪 40 年代分别由诺伯特·维纳和安德烈·科雷莫戈诺尔独立给出的，他们对发展时间序列的参数模型拟和推断过程作出了贡献，提供了与此相关的重要文献，促进了时间序列分析在工程领域的应用。

20 世纪 70 年代，G.P.Box 和 Jenkins 发表专著《时间序列分析：预测和控制》，使时间序列分析的应用成为可能，通常被称为 B-J 方法。

B-J 方法假定数据是平稳的，是时间序列建模的基础。但是，“二战”后，世界经济的快速发展导致时间序列多呈现非平稳特征，20 世纪 70 年代后，非平稳时间序列的建模问题得到关注，在理论和方法上有重大突破，引领了计量经济学进入新的领域，而其中的协整理论与方法对计量经济学有里程碑式的意义和贡献（详细内容见第 9 章）。

2003 年诺贝尔经济学奖的获得者是美国经济学家罗伯特·恩格尔和英国经济学家克莱夫·格兰杰。获奖原因为“发明了处理许多经济时间序列两个关键特性的统计方法：时间变化的变更率和非平稳性”。时间变化的变更率是指方差随时间变化而变化的频率，这主要是指恩格尔在 1982 年发表的条件异方差模型（ARCH），最初主要用于研究英国的通货膨胀问题，后来被广泛用作金融分析的高级工具。在传统的计量经济学研究中，人们通常假定经济数据和产生这些数据的随机过程是平稳的，格兰杰的贡献主要是在非平稳过程假定下所进行的严格计量模型的建立，即非平稳时间序列的建模。

练习题

1. 比较古典计量经济学与时间序列分析建模思想的不同。

2. 一个时间序列 $\{Y_t\}$ 的构成因素有哪些？它们与 $\{Y_t\}$ 的关系如何表示？简述将每种构成因素从 Y_t 中分离出来的方法。

3. HP 滤波是从 $\{Y_t(Y_t = Y_t^T + Y_t^C)\}$ 中将其趋势成分 Y_t^T 分离出来，使下式达到最小，请将其展开并说明其中的含义，其中，$L^k Y_t = Y_{t-k}$。

$$\min \sum_{t=1}^{T} \{(Y_t - Y_t^T)^2 + \lambda[c(L)Y_t^T]^2\}$$

$$c(L) = (L^{-1} - 1) - (1 - L)$$

4. 下表为企业的季度产值，请利用统计软件将时间序列的四个构成要素从序列值中分离出来。

第一年		第二年		第三年		第四年	
季度	产值/百万元	季度	产值/百万元	季度	产值/百万元	季度	产值/百万元
1	36.4	1	43.1	1	40.8	1	44.6
2	43.1	2	49.5	2	46.1	2	52.5
3	48.3	3	52.1	3	50.2	3	58.1
4	46.9	4	46.1	4	48.4	4	54.6

5. 模拟生成一个容量为 48、随机独立的正态分布过程，并绘制时间序列图，考察其是否显示出“随机性”。

6. 模拟生成一个容量为 100、完全随机、自由度为 5 的独立 t 分布过程，并绘制时间序列图，考察是否显示出“随机性”和“非正态性”。

自学自测 扫描此码

第 2 章

基础知识

本章介绍时间序列分析理论中的基本概念，包括随机序列、平稳时间序列、自协方差函数和偏自相关函数等，它们是建模理论与方法的基础。

2.1 数理定义

2.1.1 随机过程

在数学上，随机过程被定义为一组随机变量，即 $z_t(t \in T)$。

其中，T 表示时间 t 的变动范围，对每个固定的时刻 t 而言，z_t 是一组随机变量，这些随机变量的全体就构成一个随机过程。它的特征如下。

（1）随机过程是随机变量的集合。

（2）构成随机过程的随机变量是随时间产生的，在任意时刻，总有随机变量与之相对应。

2.1.2 随机序列

当 $t = \{0, \pm 1, \pm 2, \cdots\}$ 时，即时刻 t 只取整数时，随机过程可写成 $z_t(t = 0, \pm 1, \pm 2, \cdots)$。

此类随机过程被称为随机序列，也称时间序列。随机序列的特征有以下两个方面。

（1）随机序列是随机过程的一种，是将连续时间的随机过程间隔采样后得到的序列。

（2）随机序列也是随机变量的集合，只是与这些随机变量联系的时间不是连续的，而是离散的。

从随机变量的角度定义时间序列是数理分析的需要。已知现实中的时间序列无论有怎样的特征都无法成为建立模型的依据。随机变量有其概率分布函数，它所有的信息特征都在其概率分布函数中，有数学表达式，可以从数学角度提出对这些随机变量进行分析的理论与方法，并能对方法加以数理上的证明，这是所有统计方法提出的思路。因此，将时间序列定义为随机变量是数理分析的需要，所提出的方法经过证明后，代入实际数据即可。

另外，将产生随机变量的时间定义为“离散的”是因为实际得到的时间序列数据都是离散的，例如，月度、季度、年度数据等，任意两个紧邻数据间是没有数据的，为了与实际数据相符，需要将变量定义为“离散的”，两个相邻随机变量间没有随机变量。

2.1.3　时间序列的分布、均值、协方差函数

当时间序列被定义为随机变量的集合后，从随机变量角度就可以考察其分布及数字特征。

1. 分布函数

时间序列的一维分布函数就是随机序列中每个随机变量的分布函数，即

$$F_i(z),\ (i=1,2,\cdots,n) \tag{2.1.1}$$

其中，i 表示时间 t。每个时刻随机变量的所有信息都在其分布函数中，这也是均值、方差等数字特征计算的基础。

时间序列的二维分布函数是随机序列中任意两个随机变量的联合分布函数，即

$$F_{i,j}(z_i,z_j),\ (i,j=1,2,\cdots,n) \tag{2.1.2}$$

其中，i，j 表示任意两个时间点。随机变量的二维联合分布函数包含两个随机变量相关性的信息，在时间序列分析中，它是两个时刻序列值相关性考察的基础。

按理来说，一个随机序列的特征应该在包括所有随机变量的联合概率分布中，但这几乎是不可能得到的。柯尔莫哥洛夫定理表明，一个随机序列的概率分布可以由它的有限维分布表示出来。也就是说，有限维的分布就可以表示一个时间序列的主要特征，后面的分析表明，事实上只需要二维联合分布即可。

2. 均值函数

对随机序列中的任一随机变量取期望，有

$$\mu_t = Ez_t = \int z_t \mathrm{d}F_t(z) = \int z_t f_t(z)\mathrm{d}z_t \tag{2.1.3}$$

当 t 取遍所有可能的整数时，就形成了离散时间的函数 μ_t，可以称 μ_t 为时间序列的均值函数。

3. 自协方差函数和自相关函数

时间序列的自协方差函数定义为

$$r(t,s)=E[(z_t-\mu_t)(z_s-\mu_s)]=\iint (z_t-\mu_t)(z_s-\mu_s)\mathrm{d}F_{t,s}(z_t,z_s) \tag{2.1.4}$$

其中，$r(t,s)$ 表示 t 和 s 时刻的自协方差。从其计算公式可以看出，它同协方差的计算公式是相同的，不同的是，一般协方差考察的是两个性质不同的随机变量的相关性，而 $r(t,s)$ 考察的是同一个时间序列在不同时刻的相关性，所以其被称为“自协方差”。当 t 和 s 时刻相同时，就是序列的方差，即

$$\begin{gathered} r(t,t)=E(z_t-\mu_t)^2=D(z_t) \\ r(s,s)=E(z_s-\mu_s)^2=D(z_s) \end{gathered} \tag{2.1.5}$$

同样，时间序列的自相关函数（auto correlation function，ACF）的定义为

$$\rho(t,s)=\frac{r(t,s)}{\sqrt{r(t,t)}\sqrt{r(s,s)}} \tag{2.1.6}$$

$\rho(t,s)$ 表示 t 和 s 时刻的自相关函数，可以发现，它的计算公式与相关系数的计算公式相同，它描述了序列的自相关结构，因此，它的取值性质与相关系数是一样的。

2.2 平稳时间序列

2.2.1 定义

平稳时间序列是时间序列的特殊形式，它对时间序列建模理论有重要意义。单变量时间序列的建模理论要求序列必须是平稳的，而多变量协整理论要求序列是非平稳的（图 2.2.1），也就是说，时间序列建模前要先检验、识别序列的平稳性后才能决定用什么方法建立模型。平稳时间序列的定义如下。

如果 $\{z_t\}$ 存在有穷的二阶中心矩，而且满足以下条件。

（1）$\mu_t = Ez_t = c$。

（2）$r(t,s) = E[(z_t - c)(z_s - c)] = r(t-s,0)$。

则可以称 $\{z_t\}$ 是平稳的。

从平稳时间序列的定义中可以看出它的含义。

（1）二阶中心矩指的是方差，有穷二阶矩意味着期望和自协方差存在使两个条件的提出成为可能。

（2）第一个条件是说任意时刻所对应的随机变量的均值相等。它的意义在于，均值是数据分布的中心，每一个时间 t 所得到的实际数值相当于随机变量 z_t 的任意取值，而它应该在其均值 c 附近，这样，所有的实际序列值在均值 c 附近波动，所以，表现为有一条横线贯穿所有序列值，如图 2.2.2 所示。

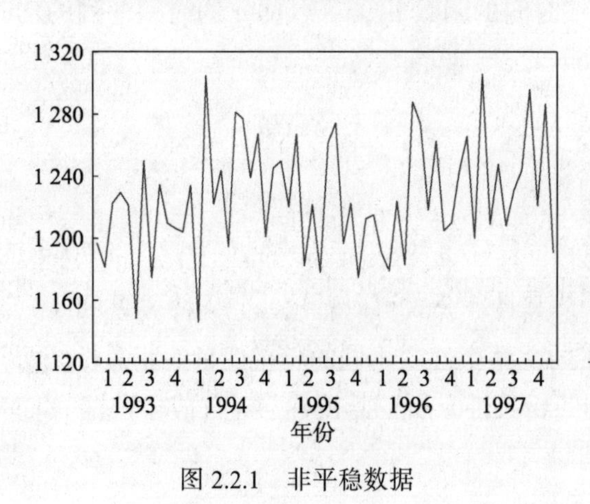

图 2.2.1 非平稳数据

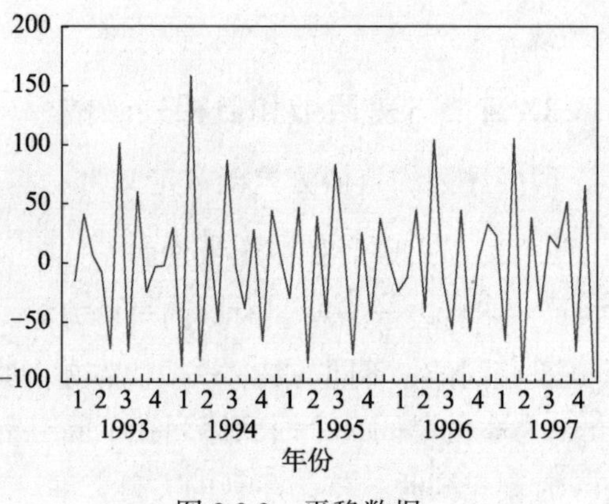

图 2.2.2 平稳数据

（3）第二个条件是说自协方差函数只与时间间隔有关，而与时间起点无关。也就是说，只要序列的时间间隔相同，它们的协方差就是相同的，与具体是哪个时间点的序列值无关。例如，平稳时间序列 $\{z_t\}$ 中，z_2 与 z_6、z_5 与 z_9 的协方差都是相等的。由此可以推断，当间隔为 0 时，自协方差也是相同的，即序列的方差都是相同的。根据自相关函数的定义可知，自相关函数也只与时间间隔有关，而与时间起点无关。

以上关于平稳时间序列的条件必须两个都得到满足才是平稳时间序列，而这两个条件的重要性是不同的。第一个条件是关于序列的取值，第二个条件是关于序列的相关性，后者似乎更重要些，它是建立模型的基础，因为序列的相关性只与时间间隔有关，只要间隔相同，相关性是恒定的，从而为模型的建立奠定基础，因此，平稳的时间序列也被称为协方差平稳序列。两个条件中，第一个条件不满足时可以通过差分等方法将序列变得平稳，而第二个条件不满足是无法使序列变得平稳的。

序列的平稳性可以从其图形上看出来，当然，更科学的判断则要借助统计检验实现。图 2.2.1 为非平稳时间序列图形，图 2.2.2 为平稳时间序列图形。从中可以看出平稳、非平稳数据的差异。从图形上看，平稳时间序列有一条横线贯穿数据，这就是其均值为常数的结果，而非平稳数据则没有这种特征。

接下来看一个特殊的平稳时间序列。若时间序列 $\{z_t\}$ 满足如下条件。

（1）$Ez_t = 0$。

（2）$Ez_t z_s = \sigma^2 \sigma_{t,s} = \begin{cases} \sigma^2, t = s \\ 0, t \neq s \end{cases}$。

其中，$\sigma_{t,s} = \begin{cases} 0, t \neq s \\ 1, t = s \end{cases}$，则可称 $\{z_t\}$ 为白噪声序列。可以将其概括为，白噪声序列是零均值、等方差、独立序列。显然，白噪声序列是平稳时间序列，它在时间序列建模中充当重要角色，经典的计量模型中有随机扰动项，随机扰动项的假定与白噪声序列的假定很相似，只是前者假定服从正态分布，而后者对分布没有任何限制。

2.2.2 严平稳时间序列

时间序列包括严平稳时间序列和宽平稳时间序列，上节定义的平稳时间序列是宽平稳时间序列。严平稳时间序列的定义如下。

若对任何正整数 m 和整数 $t_1 < t_2 <, \cdots < t_m$，此序列中的随机变量 $z_{t_1+s}, z_{t_2+s}, \cdots, z_{t_m+s}$ 的联合分布函数与整数 s 无关，即

$$F_{t_1,t_2,\cdots,t_m}(\alpha_1,\alpha_2,\cdots,\alpha_m) = F_{t_1+s,t_2+s,\cdots,t_m+s}(\alpha_1,\alpha_2,\cdots,\alpha_m)$$

其中，$F_{t_1,t_2,\cdots,t_m}$ 是 $z_{t_1}, z_{t_2}, \cdots, z_{t_m}$ 的联合分布函数，$F_{t_1+s,t_2+s,\cdots,t_m+s}$ 是 $z_{t_1+s}, z_{t_2+s}, \cdots, z_{t_m+s}$ 的联合分布函数，则时间序列是严平稳的。

严平稳序列的定义可得到以下两个推论。

（1）当 $m = 1$ 时，$F_{t_1}(\alpha_1) = F_{t_1+s}(\alpha_1)$，即任何时刻的一维分布函数都是一样的。

（2）$m = 2$ 时，$F_{t_1,t_m}(\alpha_1,\alpha_m) = F_{t_1+s,t_m+s}(\alpha_1,\alpha_m)$，二维的联合分布函数只与时间间隔有关，而与时间起点无关。当然，间隔相同的多维分布函数也能得到相同的结论。

由此可见，严平稳就是其分布随时间推移而不变的时间序列。

2.2.3 严平稳与宽平稳的关系

从两个时间序列的定义来看，宽平稳是从时间序列的数字特征角度定义的，并未对分布有要求，而严平稳则是从时间序列的分布角度定义的。它们之间的相互关系是怎样的？严平稳与宽平稳之间并不存在是一个平稳序列就一定是另一个平稳序列的关系。事实上，一个严平稳序列的随机变量的二阶矩可以不存在，因此，它不一定是宽平稳序列；反之，一个宽平稳序列的分布不一定随时间推移而不变，也就不一定是严平稳序列。

例 2.2.1 设 $\{x_k\}$ $(k=\cdots,-2,-1,0,1,2,\cdots)$ 是独立的随机序列，且 x_k 服从柯西分布，其概率密度函数为

$$p(x)=\frac{1}{\pi(1+x^2)}$$

证明 $\{x_k\}$ 是严平稳而不是宽平稳序列。

证明：每个时刻 x_k 分布相同且相互独立，任意 n 维联合分布等于 n 个变量分布的乘积，所以，序列是严平稳的。根据宽平稳时间序列的定义，考察其数字特征，有

$$E(x_k)=\int_{-\infty}^{+\infty}x_k p(x_k)\mathrm{d}x_k=\int_{-\infty}^{+\infty}x\frac{1}{\pi(1+x^2)}\mathrm{d}x$$

$$=\int_{-\infty}^{+\infty}\frac{1/2\mathrm{d}(1+x^2)}{\pi(1+x^2)}\mathrm{d}x=\frac{1}{2\pi}\ln(1+x^2)\Big|_{-\infty}^{+\infty}$$

显然，其 Ex 不存在，则 Dx 不存在，序列不是宽平稳序列。

因此，严平稳序列不一定是宽平稳序列，需要加上的前提条件是其二阶矩存在。

例 2.2.2 设随机序列 $\{X_t\}$ 满足，$X_1\sim v(-1,1)$ 的均匀分布，$X_k\sim N\left(0,\frac{1}{3}\right)$，$(k=2,3,\cdots)$，$X_i$ 相互独立（i=1,2,3,⋯）。证明 $\{X_t\}$ 是宽平稳而不是严平稳的。

证明：按照宽平稳的定义，有

$$EX_1=\frac{(-1+1)}{2}=0, DX_1=\frac{(1+1)^2}{12}=\frac{1}{3}$$

$$EX_i=0, DX_i=\frac{1}{3}, (i=2,3,\cdots)$$

序列间相互独立，有

$$r_k=\begin{cases}\frac{1}{3}, k=0\\ 0, k\neq 0\end{cases}$$

这样，序列 $\{X_t\}$ 均值是常数，自协方差仅与时间间隔有关，它是宽平稳的。但是，X_1 与 $X_k(k=2,3,\cdots)$ 服从不同的分布，不符合严平稳序列的条件。因此，它不是严平稳序列。

2.2.4 平稳时间序列的数字特征

前面提到了时间序列的均值、自相关函数、偏自相关函数等数字特征的表达式，当

时间序列是平稳时间序列时，其数字特征会显示出特殊性，需要将相关表达式做相应修改。

1. 均值函数

平稳时间序列均值为常数，即 $Ez_t = c$，为分析方便，假定 $Ez_t = 0$，当均值不为零时进行零均值化处理，即给每个序列值减去均值。这样做的目的是使模型的表达更简洁。时间序列模型中一般没有截距项，而截距项的取值接近于序列的均值，当均值为零时，一方面，模型的表达式更加简单；另一方面，自协方差等表达式不需要减去各自均值，可以为数理证明提供方便。

2. 自协方差函数

平稳时间序列的自协方差仅与时间间隔有关，而与具体时刻无关，所以，自协方差函数仅表明时间间隔即可，即

$$r_k = E[(z_t - Ez_t)(z_{t-k} - Ez_{t-k})] = Ez_t z_{t-k} (Ez_t = 0)$$

间隔 k 为 0 时，表示的是序列的方差，即

$$r_0 = E(z_t - Ez_t)^2 = Ez_t^2 = Dz_t$$

3. 自相关函数

平稳时间序列自协方差仅与时间隔有关，当间隔相等时，自协方差应相等，即

$$\rho(t,s) = \frac{r(t,s)}{\sqrt{r(t,t)}\sqrt{r(s,s)}} = \frac{r_k}{\sqrt{r_0}\sqrt{r_0}} = \frac{r_k}{r_0} = \rho_k$$

4. 自协方差与自相关函数的性质

（1）$r_k = r_{-k}, \rho_k = \rho_{-k}$。$k$ 和 $-k$ 仅是时间先后顺序上的差异，它们代表的间隔是相同的。

（2）$|\rho_k| \leqslant 1$。

2.3　偏自相关函数

单变量时间序列建模的依据是序列值先后的相关性，自相关函数（auto correlation function，ACF）值是判断序列相关性的重要依据，而该值常呈现出随时间间隔增大而减小的态势，建模时，把前面几期的序列值纳入模型是有一定困难的，为此，人们提出了偏自相关函数（partial auto correlation function，PACF），使二者共同成为建模的基础。

2.3.1　定义

偏自相关函数用来考察扣除 z_t 和 z_{t+k} 之间($z_{t+1}, z_{t+2}, \cdots, z_{t+k-1}$)影响之后的 z_t 和 z_{t+k} 之间的相关性。

现在来看如何将 PACF 的定义量化。定义中有几个关键词，扣除、影响、相关性，如果能知道“影响值”，从原始值中减去“影响值”后代入相关系数公式，就能实现“扣除”和“相关性”的处理，因此，关键是看如何量化“影响值”。要知道，通过计量经济模型拟合可以实现影响的量化，例如，一般的线性模型，当把参数估计后，代入自变量后得到因变量的估计值，而这个估计值就是由自变量所能解释、影响、决定的，这样，通过回归分析可以得到$(z_{t+1},z_{t+2},\cdots,z_{t+k-1})$对$z_t$和$z_{t+k}$的影响值。

设$\{z_t\}$为零均值平稳序列，$(z_{t+1},z_{t+2},\cdots,z_{t+k-1})$对$z_t$和$z_{t+k}$的线性估计为

$$\hat{z}_t=\alpha_1 z_{t+1}+\cdots+\alpha_{k-1}z_{t+k-1} \tag{2.3.1}$$

$$\hat{z}_{t+\mathrm{k}}=\beta_1 z_{t+1}+\cdots+\beta_{k-1}z_{t+k-1} \tag{2.3.2}$$

$\hat{z}_t$、$\hat{z}_{t+k}$分别表示由中间序列值$(z_{t+1},z_{t+2},\cdots,z_{t+k-1})$所能影响、决定的，当然，模型式（2.3.1）是没有意义的，后面的序列值不会对前面序列值有影响，可以将$\hat{z}_t$理解为0。将$\hat{z}_t$，$\hat{z}_{t+k}$从原始序列值中扣除后，代入相关系数公式有

$$\varphi_{kk}=\frac{\mathrm{cov}[(z_t-\hat{z}_t),(z_{t+k}-\hat{z}_{t+k})]}{\sqrt{\mathrm{var}(z_t-\hat{z}_t)}\sqrt{\mathrm{var}(z_{t+k}-\hat{z}_{t+k})}} \tag{2.3.3}$$

其中，φ_{kk}表示 PACF。

2.3.2 含义

从 PACF 的计算公式看，它的本质是同相关系数一样的，只是计算的不是原始序列值z_t和z_{t+k}间的相关性，而是扣除两者中间序列值对它们影响后的相关性，是有条件的。现在来说明 PACF 的含义。假设有z_{t+1}、z_{t+2}、z_{t+3}三个序列值，需要决定解释z_{t+3}时，如何把前面 1 期和 2 期纳入模型，因此，首先拟合

$$z_{t+3}=\varphi_{kk1}z_{t+2}+a_t \tag{2.3.4}$$

$$\hat{z}_{t+3}=\varphi_1 z_{t+2} \tag{2.3.5}$$

$$\mathrm{cov}[z_{t+1},(z_{t+3}-\hat{z}_{t+3})]=\mathrm{cov}(z_{t+1},a_t) \tag{2.3.6}$$

先用z_{t+2}解释z_{t+3}，然后看残差（$z_{t+3}-\hat{z}_{t+3}$）与Z_{t+1}是否有关系，如果有关系，则需要加入z_{t+1},否则不需要。仍以z_{t+1}、z_{t+2}、z_{t+3}三个序列值为例，它们之间是相互影响的，z_{t+1}影响z_{t+2}、z_{t+1},z_{t+2}影响z_{t+3}，在z_{t+3}中有z_{t+1}和z_{t+2}的信息。从 ACF 值的性质看，一般来讲，z_{t+2}与z_{t+3}的相关性大于z_{t+3}与z_{t+1}的相关性，解释z_{t+3}时，单纯依据 ACF 值不足以决定解释z_{t+3}时需要哪几个变量。引入 PACF 值后，先用最近的z_{t+2}解释z_{t+3}，然后看模型的残差与z_{t+1}是否有关。如果有相关性则需要加入z_{t+1}，否则不需要加入z_{t+1}。

如果需要加入z_{t+1}，则说明用z_{t+2}解释z_{t+3}时没有把z_{t+1}的信息传递过去，z_{t+1}对z_{t+3}还有独立的影响；反之，如果不需要加入z_{t+1}，则说明用z_{t+2}解释z_{t+3}时已经把z_{t+1}的信息传递过去了，不需要再把z_{t+1}列入模型。式（2.3.6）就是 PACF 的分子，所以，PACF 有助于识别模型的阶数。

由此可以深入地认识 ACF 函数，虽然它的计算公式与相关系数ρ_{xy}的计算公式是一

样的，但是，ρ_{xy} 中的 x、y 是两个性质完全不同的变量，而 ACF 值在计算时，序列值前后相互存在影响，不同间隔下的 ACF 值表示的相关性是有重叠的，z_{t+3} 与 z_{t+2} 的相关性中有 z_{t+1} 的信息，所以，PACF 值产生后，不管相关性如何重叠、交织，分析最近的序列值影响后看残差部分与前序列值的相关性，有则加上，没有则不需要。

2.3.3 推导

从 PACF 的定义看，其计算过程较复杂，产生了如下递推公式。

$$\varphi_{k11} = \rho_1 \tag{2.3.7}$$

$$\varphi_{k+1,j} = \varphi_{kj} - \varphi_{k+1,k+1}\varphi_{k,k+1-j}\,(j=1,2,\cdots,k) \tag{2.3.8}$$

$$\varphi_{k+1,k+1} = \left(\rho_{k+1} - \sum_{j=1}^{k}\rho_{k+1-j}\varphi_{kj}\right)\left(1-\sum_{j=1}^{k}\rho_j\varphi_{kj}\right)^{-1} \tag{2.3.9}$$

其中，式（2.3.9）表示间隔为 $k+1$ 的偏自相关值，式（2.3.8）表示计算偏自相关值的中间过渡值。例如，

$$\varphi_{11} = \rho_1$$

$$\varphi_{22} = \frac{\rho_2 - \rho_1\varphi_{11}}{1-\rho_1\varphi_{11}}, \varphi_{21} = \varphi_{11} - \varphi_{22}\varphi_{11}$$

$$\varphi_{33} = \frac{\rho_3 - \rho_2\varphi_{21} - \rho_1\varphi_{22}}{1-\rho_1\varphi_{21} - \rho_2\varphi_{22}}$$

由此可见，利用 ACF 值及前期 PACF 值可以得到后期的 PACP 值。

2.4 遍 历 性

一个时间序列 $\{y_1, y_2, \cdots, y_T\}$ 的样本均值并不是一个总体平均而是一个时间平均，见式（2.4.1）。

$$\overline{y} = \frac{1}{T}\sum_{t=1}^{T} y_t \tag{2.4.1}$$

对于一个平稳过程来说，时间平均是否最终收敛于总体平均概率极限 $E(Y_t)$ 与遍历性有关。一个协方差平稳过程被称作是关于均值遍历的，也就是说，如果 $T \to \infty$，式（2.4.1）依概率收敛于 $E(Y_t)$。如果一个过程的自协方差 γ_j 增大时能足够快地接近于零，则该过程是遍历的。具体来说，如果一个协方差平稳过程的自协方差满足

$$\sum_{j=0}^{\infty} |\gamma_j| < \infty \tag{2.4.2}$$

则 $\{Y_t\}$ 关于均值是遍历的。

类似地，一个协方差平稳过程，如果

$$\frac{1}{T-j}\sum_{t=j+1}^{T}(Y_t-\mu)(Y_{t-j}-\mu) \xrightarrow{p} \gamma_j \tag{2.4.3}$$

对所有 j 都成立，则可以称该过程是关于二阶矩遍历的。

在很多应用中，平稳性和遍历性具有同样的要求。为区别平稳性和遍历性的概念，可以考察一个平稳但非遍历的过程。假定第 i 个实现过程 $\{y_t^{(i)}\}_{t=-\infty}^{\infty}$ 的均值 $\mu^{(j)}$ 是由 $N(0,\lambda^2)$ 分布生成的，有

$$Y_t^{(i)} = \mu^{(i)} + \varepsilon_t \tag{2.4.4}$$

由于

$$\mu_t = E(\mu^{(i)}) + E(\varepsilon_t) = 0 \tag{2.4.5}$$

$$\gamma_0 = E(\mu^{(i)} + \varepsilon_t)^2 = \lambda^2 + \sigma^2 \tag{2.4.6}$$

$$\gamma_k = E[(\mu^{(i)} + \varepsilon_t)(\mu^{(i)} + \varepsilon_{t-k})] = \lambda^2, k \neq 0 \tag{2.4.7}$$

因此，过程[见式（2.4.4）]是协方差平稳的，但它并不满足关于均值的、遍历性的充分条件（式 2.4.2），事实上，时间平均为

$$\frac{1}{T}\sum_{t=1}^{T} Y_t^{(i)} = \frac{1}{T}\sum_{t=1}^{T}(\mu^{(i)} + \varepsilon_t) = \mu^{(i)} + \frac{1}{T}\sum_{t=1}^{T}\varepsilon_t \tag{2.4.8}$$

时间均值收敛于 $\mu^{(i)}$ 而不是 $\{Y_t\}$ 的均值零。

2.5 随机序列的特征描述

以上对时间序列的特征描述都是在随机变量假定条件下给出的，现在需要说明针对实际数据如何实现数字特征的描述。假定时间序列 $\{z_t, t=1,2,\cdots,n\}$，则有以下几点。

1. 样本均值

$$\overline{z} = \frac{1}{n}\sum_{t=1}^{n} z_t \tag{2.5.1}$$

2. 样本自协方差函数

间隔为 k 的自协方差 r_k 为

$$r_k = \frac{1}{n-k}\sum_{t=1}^{n-k}(z_t - \overline{z})(z_{t+k} - \overline{z}) \tag{2.5.2}$$

当 k=0 时，r_k 为序列的方差。

3. 样本自相关函数

间隔为 k 的自协方差 ρ_k 为

$$\rho_k = \frac{r_k}{r_0} = \frac{\sum(z_t - \overline{z})(z_{t+k} - \overline{z})}{\sum(z_t - \overline{z})^2} \tag{2.5.3}$$

4. 样本偏自相关函数

不同时间间隔的偏自相关函数的递推公式见式（2.3.7）、式（2.3.8）、式（2.3.9）。

在实际序列的数字特征描述中，主要需要其 ACF 及 PACF 值，它们的特征是序列建模基础。

例 2.5.1 设动态数据 16，12，15，10，9，17，11，16，10，14，求样本均值、样本自相关函数和偏自相关函数（各求前三项）。

（1）样本均值：$\bar{z}=\dfrac{1}{10}\sum z_t=13$。

（2）样本自相关函数为

$$\rho_1=\frac{(16-13)(12-13)+(12-13)(15-13)+\cdots+(10-13)(14-13)}{(16-13)^2+(12-13)^2+\cdots+(14-13)^2}$$

$$=-0.53$$

$$\rho_2=\frac{r_2}{r_0}=0.24,\rho_3=\frac{r_3}{r_0}=-0.218$$

（3）样本偏自相关函数为

$$\varphi_{11}=\rho_1=-0.53$$

$$\varphi_{22}=\frac{\rho_2-\rho_1\varphi_{11}}{1-\rho_1\varphi_{11}}=-0.063$$

$$\varphi_{33}=\frac{\rho_3-\rho_2\varphi_{21}-\rho_1\varphi_{22}}{1-\rho_1\varphi_{21}-\rho_2\varphi_{22}}=-0.169$$

$$\varphi_{21}=\varphi_{11}-\varphi_{22}\varphi_{11}=-0.560$$

利用 Eviews 软件得到 ACF、PACF 的操作如图 2.5.1 所示，例 2.5.1 数据的软件计算结果如图 2.5.2 所示。

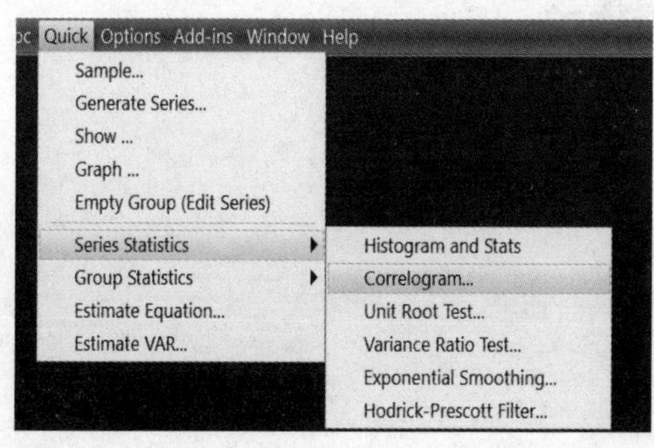

图 2.5.1 Eviews 软件计算 ACF、PACF 的操作

Autocorrelation	Partial Correlation		AC	PAC	Q-Stat	Prob
		1	-0.526	-0.526	3.6840	0.055
		2	0.231	-0.063	4.4828	0.106
		3	-0.218	-0.169	5.2971	0.151
		4	-0.167	-0.491	5.8527	0.210
		5	0.321	0.012	8.3181	0.140
		6	-0.231	-0.078	9.9158	0.128
		7	0.179	-0.199	11.204	0.130
		8	-0.128	-0.125	12.191	0.143
		9	0.038	0.005	12.368	0.193

图 2.5.2 例 2.5.1 数据的软件计算结果

练习题

1. 如何表述从随机变量角度定义的时间序列？这样定义的目的是什么？

2. 写出一般时间序列与平稳时间序列的自协方差公式。它们的计算本质与什么系数是相同的？

3. 偏自相关函数的定义是什么？它是针对自相关函数的什么缺陷而提出的？

4. 证明：在 $Y_t=a+bX_t+\varepsilon_t$ 中，$\{\varepsilon_t\}$ 既是严平稳序列，又是宽平稳序列。

5. 平稳时间序列的条件是什么？为什么也被称为协方差平稳序列？

6. 偏自相关函数与自相关函数的联系与区别是什么？

7. 假设 $\{Y_t\}$ 平稳，且有自协方差函数 γ_k。

（1）通过求 $\{W_t\}$ 的均值和自协方差函数，证明 $W_t = \nabla Y_t = Y_t - Y_{t-1}$ 平稳。

（2）证明：$U_t = \nabla^2 Y_t = \nabla(Y_t - Y_{t-1}) = Y_t - 2Y_{t-1} + Y_{t-2}$ 是平稳的。

8. 假设 $\text{cov}(X_t, X_{t-k}) = \gamma_k$ 与 t 无关，而 $E(X_t) = 3t$。

（1）$\{X_t\}$ 平稳吗？

（2）令 $Y_t = 7 - 3t + X_t$，$\{Y_t\}$ 平稳吗？

9. 令 $Y_t = e_t - \theta(e_{t-1})^2$，这里假设白噪声序列是正态分布。

（1）求 $\{Y_t\}$ 的自相关函数。

（2）$\{Y_t\}$ 平稳吗？

10. 若 $X_t = a_t + \theta a_{t-2}$，$\{a_t\} \sim N(0,1)$。

（1）当 $\theta = 0.8$ 时，写出这个过程的自协方差函数和自相关函数。

（2）当 $\theta = 0.8$ 时，计算 $(X_1 + X_2 + X_3 + X_4)/4$ 的样本均值。

11. 若 $\{X_t\}$ 和 $\{Y_t\}$ 是两个不相关的平稳过程，试证明 $\{X_t + Y_t\}$ 是平稳的，且其自协方差函数等于它们各自的自协方差函数之和。

自学自测 扫描此码

第 3 章

线性平稳时间序列模型

本章讲述平稳时间序列的三类模型，以及它们的 ACF、PACF 的特征。标识三类模型的主要是其 ACF、PACF 特征，因此，本章先讲述模型，然后说明它们的 ACF、PACF 值的特征，这样，数据的特征与模型特征对接后，就可以识别一个适合实际数据的模型。

3.1 自回归模型

自回归模型（auto regressive，AR）是平稳时间序列模型中最简单的一种，也是时间序列模型最典型的代表。

3.1.1 定义

p 阶自回归模型[即 AR（p）]模型形式为

$$z_t = \varphi_1 z_{t-1} + \varphi_2 z_{t-2} + \cdots + \varphi_p z_{t-p} + a_t \tag{3.1.1}$$

且满足 $\{a_t\}$ 是白噪声序列；$\varphi_p \neq 0$, 且$Ez_t a_s = 0, t < s; Ez_t a_t = \sigma^2$；需要说明的内容如下。

（1）$\{z_t\}$ 用其以前序列值的线性组合解释，相当于自身在跟自身回归，所以，其被称为自回归模型。$\varphi_p \neq 0$ 表示模型的阶数为 p 阶。$Ez_t a_s$ 表示二者的相关性，当 $t < s$ 时，后面的白噪声序列与前面的序列值不相关，当二者的时刻相同时，它们是相关的，即 $Ez_t a_t = \sigma^2$。

（2）引入后项算子 B，B 是一个符号，用来表示序列滞后项，即：$B^k z_t = z_{t-k}$。

后项算子 B 的引入可以简化模型的表达式，式（3.1.1）可以表示为：$\varphi_p(B) z_t = a_t$，其中，$\varphi_p(B) = 1 - \varphi_1 B - \cdots - \varphi_P B^p$。

（3）为保证模型的平稳性，要求 $\varphi_p(B) = 0$ 的根在单位圆外，即$|B| > 1$，表明模型是平稳的。解方程后，B 的取值实际上是对模型参数 $\varphi_i (i = 1, 2, \cdots, p)$ 的要求，保证模型是对平稳时间序列建模得到的，而$|B| = 1$时，数据是非平稳的。这个要求对时间序列平稳性及建模具有重要意义，阅读后面的内容会发现，所谓的单位根过程就是$|B| = 1$的情况。

3.1.2 AR 模型的 ACF 及 PACF 特征

AR 模型的 ACF、PACF 有其自身的变动特征，构成了模型建立的基础。以 AR（1）为例[见式（3.1.2）]说明其 ACF、PACF 的特征。

$$z_t = \varphi_1 z_{t-1} + a_t \tag{3.1.2}$$

式（3.1.2）简化形式为

$$\varphi(B) z_t = a_t$$

其中，$\varphi(B) = 1 - \varphi_1 B$。

1. AR（1）平稳性

为满足平稳性，要求 $\varphi(B) = (1 - \varphi_1 B) = 0$ 的根在单位圆外，则

$$|B| = \left|\frac{1}{\varphi_1}\right| > 1 \Rightarrow |\varphi_1| < 1$$

也就是说，对 AR（1）模型来说，当 $|\varphi_1| < 1$ 时，模型是平稳的，可以根据模型参数的取值判断模型的平稳性；如果出现 $|\varphi_1| \geqslant 1$ 情况，则数据是不平稳的情况下建模的。

2. AR（1）的 ACF 及其特征

根据 ACF 的计算公式，先计算其自协方差 r_k，假定序列均值为零，将式（3.1.2）两端同乘以 z_{t-k}，有

$$r_k = E(z_{t-k} z_t) = E(\varphi_1 z_{t-1} z_{t-k}) + E(z_{t-k} a_t) = \varphi_1 r_{k-1} (k \geqslant 1)$$

以此类推有：$r_k = \varphi_1^k r_0$，则其自相关函数为

$$\rho_k = \frac{r_k}{r_0} = \varphi_1^k \tag{3.1.3}$$

由于 $|\varphi_1| < 1$，当 k 增大时，ρ_k 减小，且以指数速度减小，这种现象被称为拖尾，就像拖着一条长长的尾巴，同时说明，随着 k 增大，ρ_k 减小的速度比线性减小速度快。

3. AR（1）的 PACF 及其特征

按照 PACF 的递推公式，利用 AR（1）的 ACF 值，有

$$\varphi_{11} = \rho_1$$

$$\varphi_{22} = \frac{\rho_2 - \rho_1 \varphi_{11}}{1 - \rho_1 \varphi_{11}} = \frac{\varphi_1^{\ 2} - \varphi_1^{\ 2}}{1 - \varphi_1^{\ 2}} = 0$$

$$\varphi_{21} = \varphi_{11} - \varphi_{22} \varphi_{11} = \varphi_1$$

$$\varphi_{33} = \frac{\rho_3 - \rho_2 \varphi_{21} - \rho_1 \varphi_{22}}{1 - \rho_1 \varphi_{21} - \rho_2 \varphi_{22}} = \frac{\varphi_1^3 - \varphi_1^2 \varphi_1 - 0}{1 - \varphi_1^2 - 0} = 0$$

由此可见，当 $k \geqslant 2$ 时，$\varphi_{kk} = 0$，这种现象被称为截尾，就像长长的尾巴被截断一样，某个间隔后，PACF 的值将为 0。

例 3.1.1 利用 AR（1）过程 $(1 - \varphi_1 B)(z_t - 10) = a_t, (\varphi_1 = 0.9)$，模拟产生 250 个观察值，$\{a_t\}$ 是白噪声序列，利用 250 个观察值计算 ACF、PACF 值如图 3.1.1 和图 3.1.2 所示。

计算结果表明，ACF 逐渐衰减，但不等于零；PACF 在 k=1 后与零接近，是截尾的。因此，ACF 呈指数衰减，是拖尾的；PACF 在一步后为零，是截尾的。同理可知，AR(p) 模型的 ACF 是拖尾的；PACF 是截尾的，且截尾阶数在 p 阶。

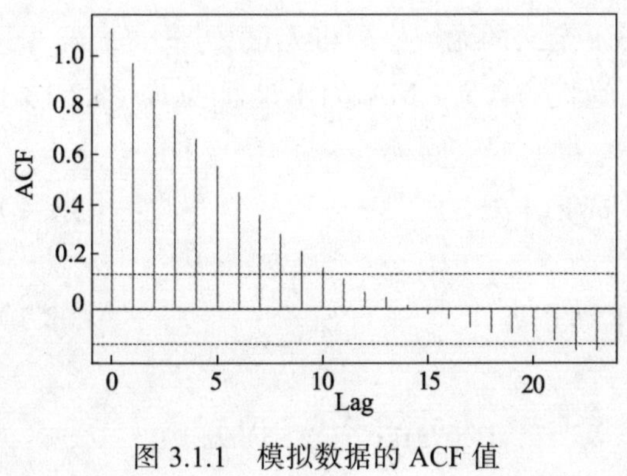

图 3.1.1　模拟数据的 ACF 值

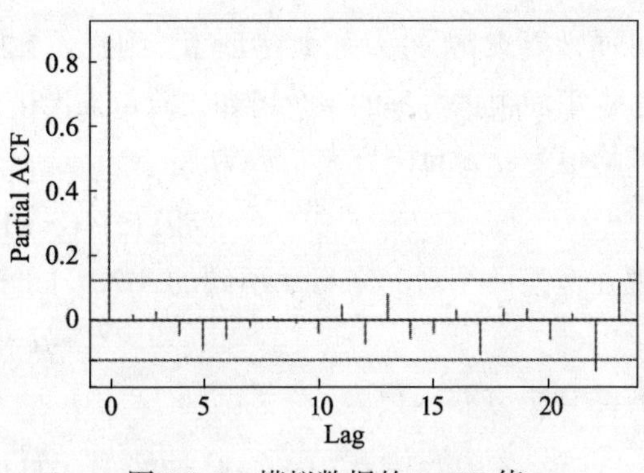

图 3.1.2　模拟数据的 PACF 值

3.2　滑动平均模型

3.2.1　定义

q 阶滑动平均模型（moving average model，MA）[MA(q)]模型形式为

$$z_t = a_t - \theta_1 a_{t-1} - \cdots - \theta_q a_{t-q} \tag{3.2.1}$$

其中，$\{a_t\}$ 为白噪声序列，其简化形式为

$$z_t = \theta_q(B)a_t，\ \theta_q(B) = 1 - \theta_1 B - \theta_2 B^2 - \cdots - \theta^q B^q$$

且满足 $\theta_q(B)=0$ 的根在单位圆外，即 $|B|>1$，此时该过程是可逆的。滑动平均模型是比较特殊的时间序列模型，它是用白噪声序列解释时间序列的变动，如何估计白噪声序列值前的系数是建模的难点。

MA(q)模型显示了如下特征。

（1）序列 $\{z_t\}$ 的变化是受白噪声序列影响的，与 AR 模型的特征有很大差别。

（2）这个模型的特殊之处在于白噪声序列值前有系数值，而白噪声序列的具体取值是未知的，如何估计 $(\theta_1,\theta_2,\cdots,\theta_q)$ 是难点，模型的可逆性表示将 MA(q)模型可以转化为 $AR(\infty)$，具体要求是 $\varphi_p(B)=0$ 的根在单位圆外，利用可估计的 AR 模型系数，求出未知的 MA(q)模型系数（具体过程见第 5 章）。

3.2.2　可逆性

考察一个 MA（1）过程

$$Y_t - \mu = (1+\theta B)\varepsilon_t \tag{3.2.2}$$

式（3.2.2）两边同乘以 $(1+\theta B)^{-1}$，得到

$$(1+\theta B + \theta^2 B^2 + \theta^3 B^3 + \cdots)(Y_t - \mu) = \varepsilon_t \tag{3.2.3}$$

式（3.2.3）可被看作一个 $AR(\infty)$ 的表达式。如果一个 MA(q)可通过动用移动平均算子 $(1+\theta B)$ 的逆而写成 $AR(\infty)$，则该移动平均算子被称为可逆的。对于一个 MA（1）过程，

可逆性要求$|\theta|<1$，如果$|\theta|\geqslant 1$，则式（3.2.3）定义的无穷序列将无意义。

下面根据过程的一阶矩和二阶矩来讨论可逆性的含义。MA（1）过程[见式（3.2.2）]的均值为μ，自协方差函数为

$$gY(z)=\sigma^2(1+\theta z)(1+\theta z^{-1}) \tag{3.2.4}$$

现在考察一个看起来有点不同的MA（1）过程

$$\tilde{Y}_t-\mu=(1+\tilde{\theta}B)\tilde{\varepsilon}_t \tag{3.2.5}$$

$\tilde{Y}_t$的自协方差函数为

$$\begin{aligned} gY(z)&=\tilde{\sigma}^2(1+\tilde{\theta}z)(1+\tilde{\theta}z^{-1})=\tilde{\sigma}^2\{\ (\tilde{\theta}^{-1}z^{-1}+1)(\tilde{\theta}z)\}\{(\tilde{\theta}^{-1}z+1)(\tilde{\theta}z^{-1})\} \\ &=(\tilde{\sigma}^2\tilde{\theta}^2)(1+\tilde{\theta}^{-1}z)(1+\tilde{\theta}^{-1}z^{-1}) \end{aligned} \tag{3.2.6}$$

有$\theta=\tilde{\theta}^{-1}$；$\sigma^2=\tilde{\theta}^2\tilde{\sigma}^2$。

如果$|\theta|<1$，则$|\tilde{\theta}|>1$。也就是说，对任意的可逆MA（1）表示式（3.2.2），已求出一个与其具有相同的一阶和二阶矩但不可逆的MA（1）表示式（3.2.5）。相反，给定任何一个$|\tilde{\theta}|>1$的不可逆表示，都存在一个$\theta=(1/\tilde{\theta})$的可逆表示，与其具有相同的一阶矩和二阶矩。在边界情形，$\theta=\pm 1$过程只要一种表示，且是不可逆的。

3.2.3 MA 模型的 ACF 及 PACF 特征

以MA(1)为例，说明MA模型下数据的ACF、PACF特征。MA(1)模型形式为

$$z_t=a_t-\theta_1 a_{t-1} \tag{3.2.7}$$

其简化形式为：$z_t=\theta(B)a_t$，其中，$\theta(B)=1-\theta_1 B$。则满足可逆性：$1-\theta_1 B=0$的根在单位圆外，$|B|>1,|\theta_1|<1$。

1. MA（1）的 ACF 及其特征

在式（3.2.7）两边同乘以z_{t-k}，并取期望得

$$r_k=E(z_t z_{t-k})=E(a_t z_{t-k})-\theta_1 E(a_{t-1}z_{t-k}) \tag{3.2.8}$$

当$k\geqslant 1$时，有

$$r_k=\begin{cases}-\theta_1\sigma_a^2(k=1)\\ 0(k\geqslant 2)\end{cases}$$

当$k=0$时，

$$r_0=E(z_t z_t)=E(a_t z_t)-\theta_1 E(a_{t-1}z_t)$$

为求得r_0，在MA（1）两边同乘以a_{t-1}，取期望得

$$E(z_t a_{t-1})=E(a_t a_{t-1})-\theta_1 E(a_{t-1}^2)=-\theta_1\sigma_a^2$$

代入r_0，有·

$$r_0=\sigma_a{}^2-\theta_1(-\theta_1\sigma_a^2)=\sigma_a^2(1+\theta_1^2)$$

所以，

$$\rho_k=\frac{r_k}{r_0}=\begin{cases}\dfrac{-\theta_1}{1+\theta_1^2}(k=1)\\ 0(k\geqslant 2)\end{cases}$$

由此可见，ρ_k 在 2 阶后为零，ACF 是截尾的。MA 模型的 ACF 特征与 AR 模型恰好相反，前者是截尾的，后者是拖尾的。同理可知，MA(q)模型的 ACF 值 q 阶以后为零。

2. MA（1）的 PACF 及其特征

根据 PACF 的递推公式及 ACF 值，对分子、分母做相应变化后，有

$$\varphi_{11}=\rho_1=\frac{-\theta_1}{(1+\theta_1^2)}=\frac{-\theta_1(1-\theta_1^2)}{1-\theta_1^4} \tag{3.2.9}$$

$$\varphi_{22}=\frac{\rho_2-\rho_1\varphi_{11}}{1-\rho_1\varphi_{11}}=\frac{-\rho_1^2}{1-\rho_1^2}=\frac{-\theta_1^2(1-\theta_1^2)}{1-\theta_1^6} \tag{3.2.10}$$

$$\varphi_{33}=\frac{\rho_3-\rho_2\varphi_{21}-\rho_1\varphi_{22}}{1-\rho_1\varphi_{21}-\rho_2\varphi_{22}}=\frac{\rho_1^3}{1-2\rho_1^2}=\frac{-\theta_1^3(1-\theta_1^2)}{1-\theta_1^8} \tag{3.2.11}$$

由于$|\theta_1|<1, \theta_1, \theta_1^2, \theta_1^3, \cdots$顺次减小，分母增大、分子减小，且分母增大速度大于分子减小。因此，从总体上看，φ_{kk} 是减小的，呈拖尾现象。同样，MA 模型的 PACF 值的性质与 AR 模型恰好是相反的，前者是拖尾的，而后者是截尾的。这样，根据序列值的 ACF、PACF 值的拖尾、截尾性质可以识别模型的类型。

例 3.2.1　用 $z_t=(1-0.5B)a_t$ 模拟产生 250 个观察值，a_t 为白噪声序列，得到序列自相关和偏自相关函数如图 3.2.1 和图 3.2.2 所示。

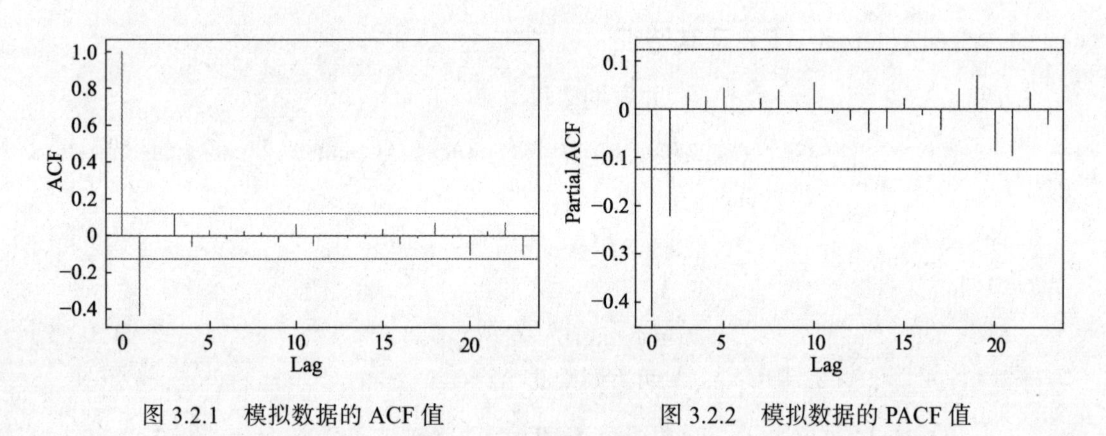

图 3.2.1　模拟数据的 ACF 值　　　　图 3.2.2　模拟数据的 PACF 值

由此可见，MA(1)的 ACF 在一步后截尾，而 PACF 是拖尾的。由此得到结论：MA(q)的 ACF 是截尾的，PACF 是拖尾的。

3.3　自回归滑动平均模型

自回归滑动平均模型（auto regressive-moving average model，ARMA）是将自回归模型与滑动平均模型相结合，其 ACF、PACF 值也显示了与其他两个模型不同的特征。

3.3.1 定义

自回归滑动平均模型的形式为

$$z_t = \varphi_1 z_{t-1} + \varphi_2 z_{t-2} + \cdots + \varphi_p z_{t-p} + a_t - \theta_1 a_{t-1} - \cdots - \theta_q a_{t-q} \tag{3.3.1}$$

其中，$\{a_t\}$为白噪声序列，其简化形式为

$$\varphi_p(B) z_t = \theta_q(B) a_t$$

其中，$\varphi_p(B) = 1 - \varphi_1 B - \varphi_2 B^2 - \cdots - \varphi_p B^p$，$\theta_q(B) = 1 - \theta_1 B - \theta_2 B^2 - \cdots - \theta_q B^q$，且满足$\varphi_p(B) = 0$的根在单位圆外，即$|B|>1$，此时过程是平稳的；$\theta_q(B) = 0$的根在单位圆外，即$|B|>1$，此时该过程是可逆的。

3.3.2 ARMA 模型的 ACF 和 PACF 特征

以 ARMA(1,1)为例说明 ARMA 模型的 ACF、PACF 特征，ARMA(1,1)模型形式为

$$z_t = \varphi_1 z_{t-1} + a_t - \theta_1 a_{t-1} \tag{3.3.2}$$

其简化形式为

$$\varphi(B) = (1 - \theta_1 B), \theta(B) = (1 - \theta_1 B)$$

为满足平稳性和可逆性条件，有

$$|\varphi_1| < 1, |\theta_1| < 1$$

1. ARMA(1,1)的 ACF 及其特征

方程（3.3.2）两边同乘z_{t-k}，并取期望得

$$E(z_{t-k} z_t) = \varphi_1 E(z_{t-k} z_{t-1}) + E(z_{t-k} a_t) - \theta_1 E(z_{t-k} a_{t-1}) \tag{3.3.3}$$

则

$$r_k = \varphi_1 r_{k-1} + E(z_{t-k} a_t) - \theta_1 E(z_{t-k} a_{t-1}) \tag{3.3.4}$$

当$k=0$时，

$$r_0 = \varphi_1 r_1 + \sigma_a^2 - \theta_1 E(z_t a_{t-1}) \tag{3.3.5}$$

为得到$E(z_t a_{t-1})$，在方程（3.3.2）两边同乘a_{t-1}，有

$$E(z_t a_{t-1}) = \varphi_1 E(z_{t-1} a_{t-1}) + E(a_t a_{t-1}) - \theta_1 E(a_{t-1}^2) = \varphi_1 \sigma_a^2 - \theta_1 \sigma_a^2 = (\varphi_1 - \theta_1) \sigma_a^2$$

代入式（3.3.5），有

$$r_0 = \varphi_1 r_1 + {\sigma_a}^2 - \theta_1 E(z_t a_{t-1}) = \varphi_1 r_1 + (1 - \theta_1 \varphi_1 + \theta_1^2) \sigma_a^2$$

当$k=1$时，

$$r_1 = \varphi_1 r_0 - \theta_1 \sigma_a^2$$

整理得到

$$r_0 = \frac{1 + {\theta_1}^2 - 2\varphi_1 \theta_1}{1 - {\varphi_1}^2} \sigma_a^2$$

$$r_1 = \frac{(\varphi_1 - \theta_1)(1 - \varphi_1 \theta_1)}{1 - {\varphi_1}^2} \sigma_a^2$$

当 $k \geqslant 2$ 时，

$$r_k = \varphi_1 r_{k-1}$$

所以，

$$\rho_k = \begin{cases} \dfrac{(\varphi_1 - \theta_1)(1 - \varphi_1\theta_1)}{1 + \theta_1^2 - 2\varphi_1\theta_1} (k=1) \\ \varphi_1 \rho_{k-1} (k \geqslant 2) \end{cases}$$

因为，$|\rho_1| < 1$，$|\varphi_1| < 1, |\theta_1| < 1$，则

$$\rho_2 = \varphi_1\rho_1, \rho_3 = \varphi_1\rho_2 = \varphi_1^2\rho_1 \cdots$$

可见，ρ_k 是衰减的，呈拖尾现象。

2. ARMA(1,1)的 PACF 及其特征

它的形式很复杂，这里不再细讲，可以明确 PACF 是拖尾的。

例 3.3.1　根据 $(1-0.9B)z_t = (1-0.5B)a_t$ 模拟产生 250 个观察值，ACF、PACF 如图 3.3.1、图 3.3.2 所示。

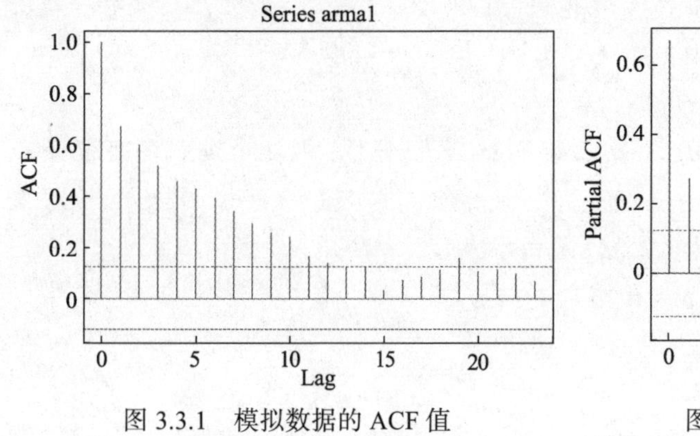

图 3.3.1　模拟数据的 ACF 值

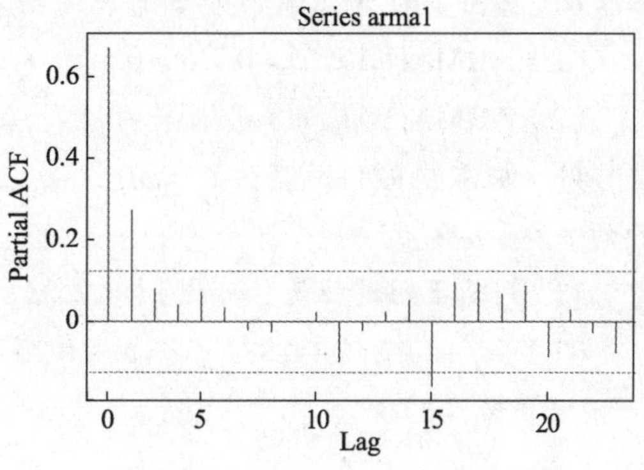

图 3.3.2　模拟数据的 PACF 值

由此可见，ARMA(1,1)的 ACF、PACF 是拖尾的。由此得到结论：ARMA(p,q)的 ACF、PACF 是拖尾的。

本章介绍了三类模型的形式、特性及自相关和偏自相关函数的特征，现绘表 3.3.1。

表 3.3.1　三类模型特征总结表

	$AR(p)$	$MA(q)$	$ARMA(p,q)$
模型方程	$\varphi_p(B)z_t = a_t$	$z_t = \theta_q(B)a_t$	$\varphi_p(B)z_t = \theta_q(B)a_t$
平稳性条件	$\varphi_p(B)=0$ 的根在单位圆外	无	$\varphi_p(B)=0$ 的根在单位圆外
可逆性条件	无	$\theta_q(B)=0$ 的根在单位圆外	$\theta_q(B)=0\varphi$ 的根在单位圆外
自相关函数	拖尾	截尾	拖尾
偏自相关函数	截尾	拖尾	拖尾

1.证明：　在 $Y_t = a + bX_t + \varepsilon_t$ 中，$\{\varepsilon_t\}$ 既是严平稳序列又是宽平稳序列。

2. 证明：白噪声序列是宽平稳序列。

3. 证明：AR（1）模型的ACF是拖尾的。

4. 说明PACF的含义及其在模型定阶中的作用。

5. 设动态数据6，2，5，8，9，7，11，6，10，4，求样本均值、样本自相关函数和偏自相关函数（各求前三项）。

6. MA（3）满足可逆性的条件是________。

7. 设某平稳过程的定义为：$Y_t=5+a_t-\frac{1}{2}a_{t-1}+\frac{1}{4}a_{t-2}$，求其自相关函数。

8. 计算并画出以下几种AR(1)模型的自相关函数，要画出足够多的滞后期以保证自相关函数逐渐消失。

（1）$\varphi_1=0.6$；（2）$\varphi_1=-0.6$；（3）$\varphi_1=0.95$；（4）$\varphi_1=0.3$。

9. 假设$\{Y_t\}$是AR（1）过程，$-1<\varphi<1$。

（1）若$W_t=\nabla Y_t=Y_t-Y_{t-1}$，求其自相关函数。

（2）证明：$var(W_t)=2\sigma_e^2/(1+\varphi)$。

10. 画出下列ARMA模型的自相关函数。

（1）ARMA(1,1)，$\varphi=0.7,\theta=0.4$。

（2）ARMA(1,1)，$\varphi=0.7,\theta=-0.4$。

11. 考虑AR(1)模型：$Y_t=\varphi Y_{t-1}+a_t$，证明：若$|\varphi_1|=1$，则这个过程不可能是平稳的。

12. 判断下列过程是否可逆，其中$\{a_t\}$是白噪声。

（1）$X_t+1.9X_{t-1}+0.88X_{t-2}=a_t+0.2a_{t-1}+0.7a_{t-2}$。

（2）$X_t+0.6X_{t-1}=a_t+1.2a_{t-1}$。

第 4 章

平稳时间序列模型的建立

平稳时间序列建模过程由模型识别、定阶、参数估计、假设检验构成，与一般的计量模型不同的是，建模过程需要多次试验才能确定模型类型及阶数。模型识别是指对一个观察序列，选择一个与其实际过程相吻合的模型结构。第 3 章显示，三类模型的 ACF、PACF 的拖尾、截尾性质显示差异，因此，利用序列的 ACF、PACF 特征可以识别模型类型。然而，判断截尾性、拖尾性的主观性较大，在模型类型识别上可能会存在偏差，因此，只是初步识别。在模型类型不确定的情况下，可以先识别一种模型、定阶，然后再识别另一种模型、定阶，最后根据结果选择最优模型。

4.1 模型定阶

在初步判断模型类型后，需要确定模型的阶数，而不同方法给定的最优模型阶数可能是不一样的，这里讲述四种模型定阶方法，对一个序列，当所有方法的定阶结果一致时，这个结果就是最优的模型阶数。

4.1.1 ACF、PACF 定阶法

这个方法适用于 AR、MA 模型，利用它们的特征函数中有截尾的性质。AR 模型的 PACF 是截尾的，MA 模型的 ACF 是截尾的，按照一般的理解，截尾的点就是模型的阶数。事实上，实际数据的截尾特征往往表现得不是很明显，判断中会有一定的主观性，为避免主观判断，需要根据分布确定截尾。

1. 根据 ACF 的截尾性识别 MA 模型

MA 模型的 ACF 值是截尾的，需要根据分布判断 ACF 值是否在某个阶数后截尾，这是一个假设检验过程。根据 Bartlett 公式把模型阶数设定为 q 时，当 $k>q$ 时，N 充分大，ρ_k 的分布为渐近正态分布，即

$$\rho_k \sim N\left(0, \frac{1}{N}\left(1+2\sum_{l=1}^{q}\rho_l{}^2\right)\right) \tag{4.1.1}$$

从这个分布的性质看，当模型阶数假定为 q，且当 $k>q$，理论上说，ρ_k 应该是截尾的，因此，ρ_k 服从均值为 0、方差很小的正态分布，方差很小保证 ρ_k 的取值在 0 附近波动，这恰好描述了 ρ_k 的截尾性。由于 q 的取值是假设的，ρ_k 是否服从正态分布则需要被检验，因此，这是一个假设检验过程，假设检验由正态分布的 3σ 原则决定，由此得到

$$P\left(|\rho_k|\leqslant\frac{1}{\sqrt{N}}\sqrt{1+2\sum_{l=1}^{q}\rho_l^2}\right)=68.3\%$$

$$或P\left(|\rho_k|\leqslant\frac{2}{\sqrt{N}}\sqrt{1+2\sum_{l=1}^{q}\rho_l^2}\right)=95.45\%$$

在具体检验时，对每一个 q，计算 $\rho_{q+1},\rho_{q+2},\ldots,\rho_{q+M}$，考察其中满足

$$|\rho_k|\leqslant\frac{1}{\sqrt{N}}\sqrt{1+2\sum_{l=1}^{q}\rho_l^2}，或|\rho_k|\leqslant\frac{2}{\sqrt{N}}\sqrt{1+2\sum_{l=1}^{q}\rho_l^2}$$

的个数是否占 M 个的 68.3%或 95.45%，M 一般取 $\sqrt{N}$。

在 $\{\rho_{q+1},\rho_{q+2},\cdots,\rho_{q+M}\}$ 中，小于等于 σ 或 2σ 的比例达到 M 个值中的 68.3%或 95.45%时，模型阶数设定为 q 是合适的，表示 q 阶后面的 ρ_k 服从均值为零的正态分布，可以被认为是截尾的；如果没有达到比例要求，则表明后面的 ρ_k 值不服从均值为零的正态分布，不能认为它是截尾的，需要继续扩大模型阶数，进行进一步检验。

σ 或 2σ 相当于检验 ρ_k 值是否截尾的标准，这个假设检验过程与一般的假设检验不同之处在于，一般的假设检验往往只有一个样本值，根据小概率事件规则决定是否接受原假设，但是，在把模型阶数设定为 q 后，后面有若干期 ρ_k，则再用小概率事件规则进行检验将是不合适的，此时，可以从分布角度检验它们是否服从均值为零的正态分布。

2. 根据 PACF 的截尾性识别 AR 模型

AR 模型的 PACF 值是截尾的，根据相关分布检验其是否截尾，检验过程与 MA 模型是一样的。当把模型阶数设定为 p，且当 $k>p$ 时，N 充分大，ϕ_{kk} 的分布为渐近正态分布，即

$$\varphi_{kk}\sim N\left(0,\frac{1}{N}\right) \tag{4.1.2}$$

例 4.1.1 已知某车站 1993—1997 年各月的列车运行数据（单位：千列公里），对其进行模型定阶。

从数据（图 4.1.1）和单位检验结果（图 4.1.2）中发现，数据是非平稳的，表现为不存在一条可以贯穿其中的均值线，经过一次差分（z_t-z_{t-1}）后将形成新的序列，此时，数据将表现为平稳序列，见图 4.1.3 和图 4.1.4，均值 $\mu=-0.098$。

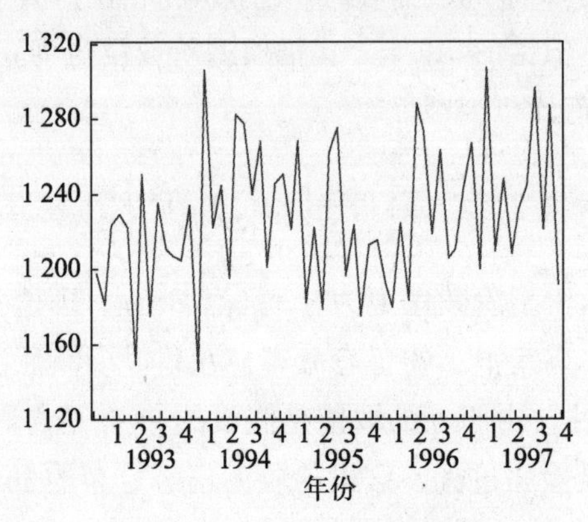

图 4.1.1 列车运行原始数据

Null Hypothesis: X has a unit root
Exogenous: None
Lag Length: 5 (Automatic - based on SIC, maxlag=10)

		t-Statistic	Prob.*
Augmented Dickey-Fuller test statistic		0.733424	0.8702
Test critical values:	1% level	−2.608490	
	5% level	−1.946996	
	10% level	−1.612934	

*MacKinnon (1996) one-sided p-values.

图 4.1.2　列车运行原始数据单位根检验

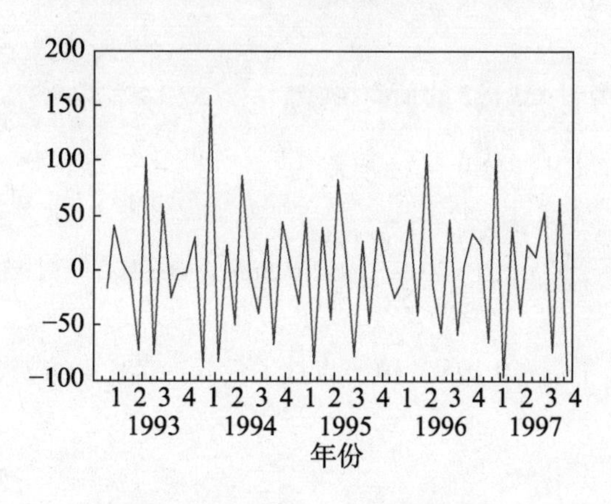

图 4.1.3　列车运行差分数据

Null Hypothesis: X1 has a unit root
Exogenous: None
Lag Length: 0 (Automatic-based on SIC, maxlag=10)

		t-Statistic	Prob.*
Augmented Dickey-Fuller test statistic		−17.82103	0.0000
Test critical values:	1% level	−2.605442	
	5% level	−1.946549	
	10% level	−1.613181	

*MacKinnon (1996) one-sided p-values.

图 4.1.4　列车运行差分数据单位根检验

经平稳化处理后序列的 ACF、PACF 值如图 4.1.5 所示，若认为 ACF 截尾、PACF 拖尾，则模型为 MA 模型。

根据 $\rho_k \sim N\left(0,\dfrac{1}{N}\left(1+2\sum_{l=1}^{q}\rho_l^2\right)\right)$ 的分布，取 q=2、N=59、$M=[\sqrt{N}]=7$、k={3,4,⋯,9}，分布标准差为

$$\frac{1}{\sqrt{N}}\left(1+2\sum_{l=1}^{q}\rho_l^2\right)^{\frac{1}{2}}=\frac{1}{\sqrt{59}}[1+2(0.685^2+0.341^2)]^{\frac{1}{2}}=0.192$$

Autocorrelation	Partial Correlation		AC	PAC	Q-Stat	Prob
		1	−0.685	−0.685	29.157	0.000
		2	0.341	−0.243	36.497	0.000
		3	−0.193	−0.139	38.898	0.000
		4	0.042	−0.208	39.012	0.000
		5	−0.068	−0.313	39.322	0.000
		6	0.199	0.046	42.017	0.000
		7	−0.221	−0.030	45.382	0.000
		8	0.185	−0.037	47.797	0.000
		9	−0.132	−0.002	49.048	0.000
		10	0.037	−0.042	49.148	0.000
		11	0.036	−0.130	49.243	0.000
		12	0.156	0.139	51.106	0.000

图 4.1.5　列车运行平稳数据的 ACF、PACF 值

从 k={3,4,⋯,9}，$|\rho_k|<0.192$ 的值有 4 个，$\frac{4}{7}=57.14\%<68.3\%$，所以，$q$=2 不合适。

取 q=3，k={4,5,⋯,10}，分布的标准差为

$$\frac{1}{\sqrt{N}}\left(1+2\sum_{l=1}^{q}\rho_l^2\right)^{\frac{1}{2}}=\frac{1}{\sqrt{59}}[1+2(0.685^2+0.341^2+0.193^2)]^{\frac{1}{2}}=0.195$$

从 k={4,5,⋯,10}，$|\rho_k|<0.195$ 的值有 5 个，$\frac{5}{7}=71.4\%>68.3\%$，所以，可初步识别为 MA(3)。

4.1.2　残差方差图法

残差方差图法是利用模型的剩余平方和，进而构造残差方差选择模型最优阶数。先认识剩余平方和及其变动规律。

多元回归模型为

$$y=a_1x_1+a_2x_2+\cdots+a_kx_k \tag{4.1.3}$$

多元回归中，存在自变量 x 的选择问题。如果 x 选择不够则模型拟合不足，若 x 选择多则易过度拟合，不足拟合、过度拟合都会在残差中表现出来。将 $(y-\hat{y})$ 称为残差，将所有的残差平方求和得到剩余平方和 Q。随着模型阶数的增大，Q 会减小，但是减小的速度不一样，从不足拟合到合适拟合时，Q 减小的速度快，而过了合适阶数后，Q 减小的速度慢，此时，可以认为没有显著性地减小。在选择自变量时，可以借助统计量在自变量个数及 Q 之间做出选择。如果增加自变量个数，Q 会显著减小，则此时应选择自变量个数多的模型，否则应选择自变量个数少的模型。多元回归就是利用此确定模型的自变量，即确定新增或减少变量是否会显著影响剩余平方和。

自变量个数类似 ARMA 模型阶数，因此，可以将该思想应用到时间序列模型的定阶上，如果增大模型阶数、剩余平方和显著性减小，则选择高阶模型；反之，如果增大模型阶数、剩余平方和没有显著性减小，则选择低阶模型。

以 ARMA(p,q) 为例，z_t 为序列真值，$\hat{z}_t$ 为根据模型估计值，为此引入残差方差

σ_a^2，则

$$\sigma_a^2 = \frac{\text{模型剩余平方和}}{\text{实际观测值个数}-\text{参数个数}} \tag{4.1.4}$$

将模型拟合后的剩余平方和表示为

$$Q = \sum_{t=1}^{N}(z_t - \hat{z}_t)^2$$

实际观测值个数=N–自回归阶数，则三类模型的 σ_a^2 表示为

$$\text{AR}(p): \sigma_a^2 = \frac{Q}{N-p-p} \tag{4.1.5}$$

$$\text{MA}(q): \sigma_a^2 = \frac{Q}{N-q} \tag{4.1.6}$$

$$\text{ARMA}(p,q): \sigma_a^2 = \frac{Q}{N-p-(p+q)} \tag{4.1.7}$$

利用 σ_a^2 的变化规律确定最优模型阶数。随着模型阶数的增大，分母减小；分子在不足拟合时一直减小、速度较快；过度拟合时分子虽减小，但速度很慢，几乎不变。σ_a^2 的值取决于分子、分母减小的速度。从不足拟合到合适拟合时，σ_a^2 一直减小；过度拟合时，σ_a^2 却增大。选择 σ_a^2 的最低点为模型的最优阶数。

另外，当模型中包含自回归部分时，为准确得到残差方差，分母用 N-p 而不是 N，这是表示分子的残差个数，当存在自回归部分时，残差的个数是 N-p 个。这个公式在设计时除了对残差平方和进行平均外还考虑了参数个数，在其前面用减号，保证分子、分母变化方向一致。

例 4.1.2　利用残差方差图法确定列车运行数据阶数。

根据残差方差计算方法得到各模型的残差方差，结果见表 4.1.1。

表 4.1.1　残差方差图表

	MA（1）	MA（2）	MA（3）	MA（4）	MA（5）
剩余平方和	85 861.56	81 617.48	77 664.87	75 114.45	74 812.72
残差方差	1 455.28	1 407.19	1 362.54	1 341.33	1 360.23

由此可见，残差方差最小的是 MA(4)，故可选择 MA（4）为合适模型。

在 Eviews 软件操作中，需要先估计每个模型的参数，然后得到残差平方和，见图 4.1.6 和图 4.1.7（参数估计方程），结果见图 4.1.8。

4.1.3　*F* 检验定阶法

1. *F* 检验在计量模型自变量选择中的应用

F 检验定阶法可以用来识别两个模型有无显著性差异，适用于同类模型的高阶、低阶之间的识别。已知拟合模型的目的是尽可能使模型估计值接近原始数据，这样，

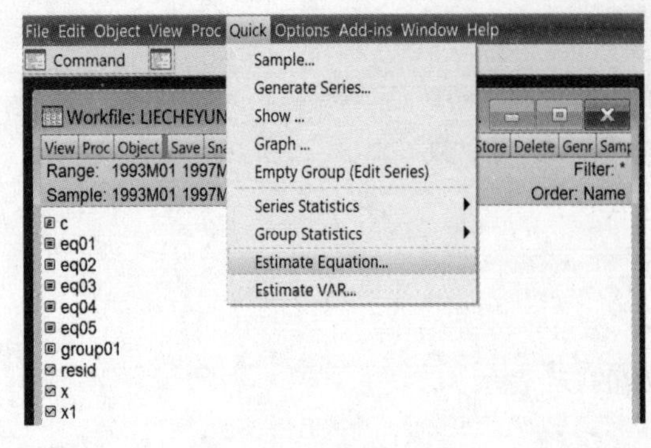

图 4.1.6 参数估计操作

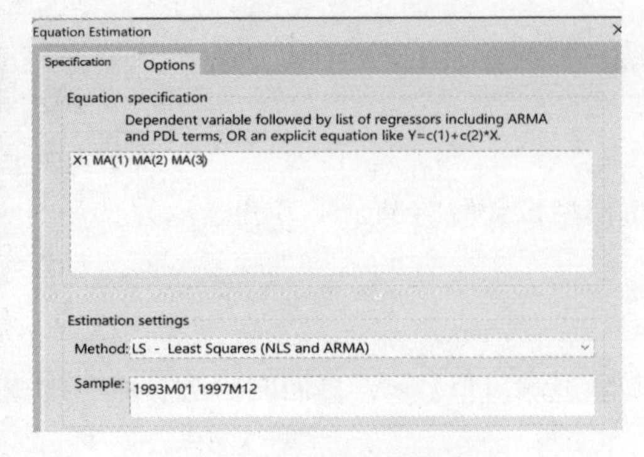

图 4.1.7 回归方程操作

多采取增加模型阶数的方法，随着模型阶数增大，剩余平方和减小，模型拟合优度提高，只是参数过多模型会显得烦琐。计量经济理论要在阶数及拟合优度间加以权衡，以尽可能少的参数实现最优的拟合效果。

先回顾一下 F 分布。若 $(x_1, x_2, \cdots, x_v)$ 均服从标准正态分布且相互独立，则

$$X = \sum_{t=1}^{v} x_t^2, X \sim \chi^2(v)$$

若

$$X \sim \chi^2(v_1), Y \sim \chi^2(v_2)$$

则

$$F = \frac{X / v_1}{Y / v_2} \sim F(v_1, v_2)$$

接下来，用 F 分布检验两个回归模型是否有显著差异，设

$$y_t = a_1 x_1 + a_2 x_2 + \cdots + a_r x_r + \varepsilon \tag{4.1.8}$$

其残差平方和为

$$Q_0 = \sum_{t=1}^{N} (y_t - a_1 x_1 - a_2 x_2 - \cdots - a_r x_r)^2$$

现舍弃后面 s 个变量，得到新的回归模型为

$$y_t = a_1' x_1 + a_2' x_2 + \cdots + a_{r-s}' x_{r-s} + \varepsilon' \tag{4.1.9}$$

其残差平方和为

$$Q_1 = \sum_{t=1}^{N} (y_t - a_1' x_1 - a_2' x_2 - \cdots - a_{r-s}' x_{r-s})^2$$

现检验 $(x_{r-s+1} x_{r-s+2}, \cdots, x_r)$ 对 y 是否有显著影响。若有影响，则第一个模型成立；否则第二个模型成立。提出的假设为

$$H_0: a_{r-s+1} = a_{r-s+2} = \cdots = a_r = 0$$
$$H_1: a_{r-s+1} \neq 0, a_{r-s+2} \neq 0, \cdots, a_r \neq 0$$

在 H_0 成立条件下，

$$Q_0 \sim \sigma_a^2 \chi^2(N-r) \quad Q_1 - Q_0 \sim \sigma_a^2 \chi^2(s)$$

且 Q_0 与 $(Q_1 - Q_0)$ 独立，则

$$F=\frac{(Q_1-Q_0)/s}{Q_0/N-r}\sim F(s,N-r) \quad (4.1.10)$$

给定显著性水平 α，若 $F>F_{\alpha}(s,N-r)$，则拒绝原假设，否则，接受原假设。

当舍弃 s 个变量，Q_1 与 Q_0 没有显著性差异时，则可以选择参数个数少的模型，这意味着宁愿牺牲一定拟合优度而使模型简洁；反过来，当舍弃 s 个变量，Q_1 与 Q_0 有显著性差异时，则需要选择自变量个数多的模型，这意味着增加自变量个数，剩余平方和会显著性减小。这里的模型拟合优度与自变量个数的选择体现了计量模型建模的思想，即要在模型拟合优度和自变量个数之间实现平衡，用尽可能少的自变量实现模型最优的估计。

2. *F* 检验法在 ARMA 模型定阶中的应用

将 F 检验法应用于 ARMA 模型定阶中的原理与前文的应用一样。例如，用 F 检验法在 $\mathrm{ARMA}(p,q)$ 和 $\mathrm{ARMA}(p-1,q-1)$ ［见式（4.1.11）和式（4.1.12）]选择。

$$z_t=\varphi_1 z_{t-1}+\cdots+\varphi_p z_{t-p}+a_t-\theta_1 a_{t-1}-\cdots-\theta_q a_{t-q} \quad (4.1.11)$$

$$z_t=\varphi_1 z_{t-1}+\cdots+\varphi_{p-1} z_{t-p+1}+a_t-\theta_1 a_{t-1}-\cdots-\theta_{q-1} a_{t-q+1} \quad (4.1.12)$$

提出假设

$$H_0:\varphi_p=0,\theta_q=0;$$

$$H_1:\varphi_p\neq 0,\theta_q\neq 0$$

则

$$Q_0\sim\sigma_a^2\chi^2(N-p-(p+q)),\ Q_1-Q_0\sim\sigma_a^2\chi^2(3)$$

$$F=\frac{(Q_1-Q_0)/3}{Q_0/N-2p-q}\sim F(3,N-2p-q)$$

注意

$$Q_1\sim\sigma_a^2\chi^2[N-(p-1)-(p-1+q-1)]$$

在给定显著性水平 α，若 $F>F_{\alpha}(3,N-2p-q)$ 则拒绝原假设，选 $\mathrm{ARMA}(p,q)$ 模型；否则，接受原假设，选 $\mathrm{ARMA}(p-1,q-1)$ 模型。

例 4.1.3　利用 F 检验法确定列车运行数据阶数。

前面两个例子对某车站 1993—1997 年各月的列车运行数据进行分析，ACF、PACF 方法确定的最优阶数为 MA（3），而残差方差图法确定的最优阶数为 MA（4），现利用 F 检验法考察两个模型是否有显著性差异。

提出假设：H_0: $\theta_4=0$ ，有

$$Q_0\sim\sigma_a^2\chi^2(N-4),\ Q_1\sim\sigma_a^2\chi^2(N-3), Q_1-Q_0\sim\sigma_a^2\chi^2(1)$$

则

$$F=\frac{(Q_1-Q_0)/1}{Q_0/60-4}\sim F(1,56)=\frac{(77\,664.87-75\,114.45)/1}{75\,114.45/56}=\frac{2\,550.42}{1\,341.33}=1.901$$

取 $\alpha=0.05$，$F_{0.05}(1,56)=4$，$F<F_{0.05}(1,56)$，则接受原假设，选择 MA（3）。

4.1.4 最佳准则函数定阶法

最佳准则函数也是常用的定阶方法，它的基本思想是确定一个函数，该函数既要考虑用某一模型拟合原始数据的接近程度，同时又要考虑模型中所含参数的个数。当该函数取最小值时，就是最合适的阶数。最佳准则函数的建模思想与残差方差图法、F 检验法有相似之处，三个方法都考虑了模型拟合效果、参数个数，只是表达形式不同。常用到的最佳准则函数包括 FPE、AIC、BIC 等准则。

1. FPE 准则

FPE 准则是用来判断 AR 模型阶数的，它的建立依据是最终预报误差最小。依据一组动态数据建立模型，用建立好的模型预报系统的未来值，预测误差越小则模型拟合越好。

设 $\{x_t\}$，$(t=1,2,\cdots,N)$ 适合的真实模型为 AR（n），即

$$x_t=\varphi_1 x_{t-1}+\varphi_2 x_{t-2}+\cdots+\varphi_n x_{t-n}+a_t \tag{4.1.13}$$

其中，

$$Ea_t=0, Da_t=E{a_t}^2=\sigma_a^2$$

现拟合模型为

$$x_t=\varphi_1' x_{t-1}+\varphi_2' x_{t-2}+\cdots+\varphi_p' x_{t-p} \tag{4.1.14}$$

实际阶数不一定与真实模型阶数一致，用 $\hat{x}_{t-1}(1)$ 表示 t–1 期对 x_t 的一步预测值，则一步预测误差方差为

$$E[x_t-\hat{x}_{t-1}(1)]^2\approx\left(1+\frac{p}{N}\right){\sigma_a}^2 \tag{4.1.15}$$

σ_a^2 是真实模型的残差方差，由于无法得到，故可以用实际拟合模型残差方差代替，即

$$\sigma_a^2=\frac{\hat{\sigma}_a^2}{1-\dfrac{p}{N}}$$

则

$$E[x_t-\hat{x}_{t-1}(1)]^2\approx\left(1+\frac{p}{N}\right)\sigma_a^2=\left(1+\frac{p}{N}\right)\frac{\hat{\sigma}_a^2}{1-\dfrac{p}{N}}=\frac{N+p}{N-p}\hat{\sigma}_a^2 \tag{4.1.16}$$

式（4.1.16）中，随模型阶数 p 增大，$\dfrac{N+p}{N-p}$ 增大，而 $\hat{\sigma}_a^2$ 先减小、后增大，在未达到合适模型前，起主导作用的是 $\hat{\sigma}_a^2$，即随着 p 增加，后一项减少的程度超过前一项增加的程度，FPE(p)在减少，直到合适的模型。当过了模型的合适阶数后，$\hat{\sigma}_a^2$ 再增大，FPE(p)增大，因此，FPE(p)最小值对应的 p 值即为模型的最优阶数。

这里有一个问题值得思考，FPE(p)之所以能出现最小值，主要是因为利用了 $\hat{\sigma}_a^2$ 的变动规律，那么是否可以认为 FPE(p)的最优阶数与 $\hat{\sigma}_a^2$ 的最优阶数是一致的？理论上讲，FPE(p)的最小值可以由其对 p 求偏导得到，而其表达式中，$\dfrac{N+p}{N-p}$ 与 $\hat{\sigma}_a^2\left(\hat{\sigma}_a^2=\dfrac{Q}{N-p-p}\right)$

中包含 p 的不同形式，从这个角度讲，二者的最优模型阶数应该是不一样的。

2. AIC 准则

AIC 准则适合于时间序列模型的各种形式。AR(p)模型的 AIC 准则函数为

$$\mathrm{AIC}(p)=\ln\hat{\sigma}_a^2(p)+2\frac{p}{N} \tag{4.1.17}$$

随着模型阶数增大，式（4.1.17）中等号右边第一项先减小、后增大，第二项一直增大，第一项减小的速度大于第二项增大的速度，AIC 值减小。因此，AIC 有最小值，对应的阶数为最优模型阶数。

对于 ARMA（p,q），其 AIC 准则函数为

$$\mathrm{AIC}(p)=\ln\hat{\sigma}_a^2(p)+2\frac{p+q}{N} \tag{4.1.18}$$

例 4.1.4　用 AIC 准则判断列车运行数据最优模型阶数。

选用 AIC 信息准则法确定最优模型，不同阶数下模型的 AIC 值如表 4.1.2 所示。

表 4.1.2　各模型 AIC 值

	MA(1)	MA(2)	MA(3)	MA(4)	MA(5)
AIC	10.22	10.198	10.192	10.185	10.215

由此可见，依据 AIC 信息准则，MA（4）为最优模型。结合以上四个方法，以及参数显著性，选择 MA（4）为最优模型。MA（4）模型的拟合结见图 4.1.8。

Variable	Coefficient	Std. Error	t-Statistic	Prob.
MA(1)	−1.109455	0.122397	−9.064395	0.0000
MA(2)	0.557739	0.168250	3.314943	0.0016
MA(3)	−0.522154	0.199131	−2.622162	0.0113
MA(4)	0.274044	0.138748	1.975126	0.0534
SIGMASQ	1273.126	264.7602	4.808602	0.0000

R-squared	0.616517	Mean dependent var	−0.098305
Adjusted R-squared	0.588111	S.D. dependent var	58.11322
S.E. of regression	37.29623	Akaike info criterion	10.18593
Sum squared resid	75114.45	Schwarz criterion	10.36199
Log likelihood	−295.4849	Hannan-Quinn criter.	10.25465
Durbin-Watson stat	1.983510		

Inverted MA Roots	.72−.18i	.72+.18i	−.17−.68i	−.17+.68i

图 4.1.8　列车运行数据的 MA（4）拟合结果

方程写为

$$z_t=a_t-\underset{(-9.064)}{1.109}\,a_{t-1}+\underset{(3.314)}{0.557}\,a_{t-2}-\underset{(-2.622)}{0.522}\,a_{t-3}+\underset{(1.975)}{0.274}\,a_{t-4}$$

其中，参数下面括号内是 t 统计量值。

4.1.5　ARMA 模型的定阶

ARMA 模型的 ACF、PACF 都呈现一定的拖尾性，不能借助 ACF、PACF 值确定模

型阶数，只能通过试验方式得到。而残差方差图法、最佳准则函数法在试验时，一方面试验次数很多，另一方面还可能存在遗漏。Pandit-Wu 于 1977 年提出了不同于 Box-Jenkins 的系统建模方法，该方法认为，任一平稳序列总可以用一个 ARMA(n,n–1) 表示，AR(n)、MA(m)、ARMA(n,m)都是 ARMA(n,n–1)的特例，其建模思想是逐渐增加模型阶数，直到剩余平方和不再显著性减小为止。本部分介绍 Pandit-Wu 的建模方法，可用于 ARMA 模型阶数的确定，将模型阶数试验范围加以限制后能快速找到模型阶数，又能避免遗漏。

依据 Pandit-Wu 理论，ARMA 模型阶数的试验范围为（2,1），（3,2），（4,3），…，而且在具体试验时，可以从自回归阶数是偶数的阶数开始选择，利用的是模型剩余平方和。例如，若在阶数（2,1）和阶数（4,3）之间识别，选择阶数（4,3），还需要和阶数（6,5）比较；若选择阶数（2,1），则检验结束。如果是其他阶数形式，则在已确定的模型阶数内，有些变量是不显著的，剔除不显著变量后，模型的具体形式就确定了。又如，真实模型阶数是（3,2），则在比较阶数（2,1）和阶数（4,3）时，会选择阶数（4,3），但是，其中的一些变量不显著，剔除后，阶数（3,2）就是合适的。假设在 ARMA(2n，2n–1) 和 ARMA(2n–2，2n–3)之间选择，具体的检验过程如下。

首先，提出建设。

$$H_0\text{：}\ \varphi_{2n-1}=\varphi_{2n}=0,\ \theta_{2n-2}=\theta_{2n-1}=0$$

$$H_1\text{：}\ \varphi_{2n-1}\text{，}\ \varphi_{2n}\text{，}\ \theta_{2n-2}\text{，}\ \theta_{2n-1}\text{至少有不为0的。}$$

设 ARMA(2n，2n–1)的剩余平方和为 Q_0，则：$Q_0 \sim \sigma_a^2 x^2[N-2n-(4n-1)]$。

ARMA(2n–2，2n–3)的剩余平方和为 Q_1，则：$Q_1 \sim {\sigma_a}^2 x^2[N-(2n-2)-(4n-5)]$。

检验统计量为

$$F=\frac{(Q_1-Q_0)/6}{Q_0/N-(6n-1)} \sim F(6,N-(6n-1))$$

在给定显著性水平 α 下，若 $F > F_\alpha$，则拒绝 H_0，需要进一步检验；若 $F < F_\alpha$，则接受 H_0，选择 ARMA(2n–2，2n–3)，进一步考察单个变量的显著性。

4.2 模型参数估计

确定模型阶数后，要进行参数估计。模型参数估计包括粗估计（矩估计）和精估计（OLS，极大似然估计）。

4.2.1 模型参数的矩估计

模型参数的矩估计就是利用随机变量的矩求出模型的参数。矩就是对随机变量取 K 阶期望，矩有原点矩和中心矩两种。

时间序列模型参数的矩估计就是利用样本自协方差函数和自相关函数对时间序列模型参数进行估计。

设 $\{x_t\}$ 为平稳序列，模型参数为 $(\alpha_1,\alpha_2,\cdots,\alpha_s)$，$(m_1,m_2,\cdots,m_s)$ 为 $\{x_t\}$ 的某阶矩，其中，$m_j = h_j(\alpha_1,\alpha_2,\cdots,\alpha_s), j=1,2,\cdots,s$，计算 $\hat{m}_j(j=1,2,\cdots,s)$，这样代入 m_j 的方程中，可得到 α_j 的估计值 $\hat{\alpha}_j$，$\hat{\alpha}_j$ 就是 α_j 的矩估计值。

对时间序列模型而言，使用的矩就是自协方差函数，把自协方差函数表示为模型参数的函数可以估计出模型参数，而自协方差函数是根据样本数据计算的。

4.2.2　AR 模型参数矩估计

设 AR（p）模型为

$$z_t = \varphi_1 z_{t-1} + \varphi_2 z_{t-2} + \cdots + \varphi_p z_{t-p} + a_t \tag{4.2.1}$$

方程两边同乘 z_{t-k},并取期望得

$$E(z_t z_{t-k}) = \varphi_1 E(z_{t-1} z_{t-k}) + \cdots + \varphi_p E(z_{t-p} z_{t-k}) + E(a_t z_{t-k})$$

则

$$r_k = \varphi_1 r_{k-1} + \varphi_2 r_{k-2} + \cdots + \varphi_p r_{k-p} (k \geqslant 1) \tag{4.2.2}$$

模型待估参数为 $(\varphi_1,\varphi_2,\cdots,\varphi_p)$，$p$ 个未知量需要 p 个方程，根据式（4.2.2），取 $k=1,2,\cdots,p$，有

$$\begin{pmatrix} r_0 & r_1 & \cdots & r_{p-1} \\ r_1 & r_0 & \cdots & r_{p-2} \\ \cdots & \cdots & \cdots & \cdots \\ r_{p-1} & r_{p-2} & \cdots & r_0 \end{pmatrix} \begin{pmatrix} \varphi_1 \\ \varphi_2 \\ \cdots \\ \varphi_p \end{pmatrix} = \begin{pmatrix} r_1 \\ r_2 \\ \cdots \\ r_p \end{pmatrix} \tag{4.2.3}$$

解矩阵方程可求 $\varphi_1,\varphi_2,\cdots,\varphi_p$。

例 4.2.1　设 AR（2）模型为：$z_t = \varphi_1 z_{t-1} + \varphi_2 z_{t-2} + a_t$，求其参数矩估计值。

解：方程两边同乘 z_{t-k}，并取期望得

$$r_k = \varphi_1 r_{k-1} + \varphi_2 r_{k-2} (k \geqslant 1)$$

$$\begin{cases} r_1 = \varphi_1 r_0 + \varphi_2 r_1 \\ r_2 = \varphi_1 r_1 + \varphi_2 r_0 \end{cases}$$

解方程得到

$$\varphi_1 = \frac{r_1 r_0 - r_1 r_2}{r_0^2 - r_1^2}, \varphi_2 = \frac{r_0 r_2 - r_1^2}{r_0^2 - r_1^2}$$

4.2.3　MA 模型的参数矩估计

为表示方便，设 MA（q）模型为

$$z_t = a_t + \phi_1 a_{t-1} + \phi_2 a_{t-2} + \cdots + \phi_q a_{t-q} = \sum_{i=0}^{q} \phi_i a_{t-i} (\phi_0 = 1) \tag{4.2.4}$$

则

$$z_{t+k}=a_{t+k}+\phi_1 a_{t+k-1}+\phi_2 a_{t+k-2}+\cdots+\phi_q a_{t+k-q}=\sum_{j=0}^{q}\phi_j a_{t+k-j}(\phi_0=1) \tag{4.2.5}$$

那么

$$r_k=E(z_t z_{t+k})=E\left(\sum_{i=0}^{q}\phi_i a_{t-i}\sum_{j=0}^{q}\phi_j a_{t+k-j}\right)=E\left(\sum_{i=0}^{q}\sum_{j=0}^{q}\phi_i\phi_j a_{t-i}a_{t+k-j}\right)$$

当$t-i=t+k-j$时，$r_k=\sigma_a^2\sum_{i=0}^{q-k}\phi_i\phi_{k+i}$。

依据前文习惯性表述，对于 MA（q）模型表示为

$$z_t=a_t-\theta_1 a_{t-1}-\theta_2 a_{t-2}-\cdots-\theta_q z_{t-q} \tag{4.2.6}$$

式（4.2.4）、式（4.2.5）相比，存在$\phi_i=-\theta_i;\phi_0=\theta_0=1$，$q$+1 个未知量需要 q+1 个方程，有

$$r_0=\sigma_a{}^2(1+\theta_1{}^2+\theta_2{}^2+\cdots+\theta_q{}^2)$$

$$r_k=\sigma_a{}^2(-\theta_k+\theta_1\theta_{k+1}+\cdots+\theta_{q-k}\theta_q)(k=1,2,\cdots,q)$$

例 4.2.2 求设 MA（1）模型为：$z_t = a_t - \theta_1 a_{t-1} - \theta_2 a_{t-2}$ 的参数矩估计值。

解：根据r_k公式有

$$\begin{cases}r_0=\sigma_a{}^2(1+\theta_1{}^2)\\ r_1=\sigma_a{}^2(-\theta_1)\end{cases}$$

$$\theta_1=\frac{-r_0\pm\sqrt{r_0-4r_1{}^2}}{2r_1};\sigma_a{}^2=\frac{r_1}{-\theta_1}$$

4.2.4 ARMA 模型的参数矩估计

对于 ARMA(p,q)模型有

$$z_t=\varphi_1 z_{t-1}+\varphi_2 z_{t-2}+\cdots+\varphi_p z_{t-p}+a_t-\theta_1 a_{t-1}-\cdots-\theta_q a_{t-q} \tag{4.2.7}$$

方程两边同乘z_{t-k}，并取期望得

$$E(z_t z_{t-k})=\varphi_1 E(z_{t-1}z_{t-k})+\cdots+\varphi_p E(z_{t-p}z_{t-k})+E(a_t z_{t-k})-\cdots-\theta_1 E(a_{t-q}z_{t-k})$$

第一步：当$t-q>t-k$时，即$k>q$时，有

$$r_k=\varphi_1 r_{k-1}+\varphi_2 r_{k-2}+\cdots+\varphi_p r_{k-p}(k\geqslant q+1) \tag{4.2.8}$$

取$k=(q+1,q+2,\cdots,q+p)$，p 个方程可求出$(\varphi_1,\varphi_2,\cdots,\varphi_p)$。

第二步，令

$$z_t{}^*=z_t-\varphi_1 z_{t-1}-\varphi_2 z_{t-2}-\cdots-\varphi_p z_{t-p}$$

对于$\{z_t^*\}$而言，它满足 MA(q)模型，即

$$z_t{}^*=a_t-\theta_1 a_{t-1}-\theta_2 a_{t-2}-\cdots-\theta_q a_{t-q}$$

按照 MA 模型自协方差函数与模型参数的关系，有

$$r_k=\begin{cases}(1+\theta_1^2+\theta_2^2+\cdots+\theta_q^2)\sigma_a^2,\ (k=0)\\(-\theta_k+\theta_1\theta_k+\cdots+\theta_{q-k}\theta_q)\sigma_a^2,\ (k=1,2,\cdots,q)\end{cases}\tag{4.2.9}$$

取 $k=1,2,\cdots,q$，q 个方程可求解出 $\theta_1, \theta_2,\cdots, \theta_q$。

4.3　最小二乘估计

由于矩估计精度不高，所以，需要考虑其他估计方法。本节介绍最小二乘估计法（OLS）。

4.3.1　一般模型的 OLS 估计

设线性回归模型

$$y_t=a+bx_t+e_t\tag{4.3.1}$$

对其进行最小二乘参数估计，需满足如下条件。

（1）零均值：$E(e_t)=0$。

（2）等方差：$var(e_t)=E(e_t^2)=\sigma_e^2$。

（3）无序列相关：$E(e_te_k)=0,(t\neq k)$。

（4）与解释变量无关：$E(e_tx_t)=0$。

满足上述基本假定后，利用 $\sum(y_t-\hat{y}_t)^2$ 达到最小，可求 $\hat{a},\hat{b}$。

4.3.2　AR 模型的 OLS 估计

以 AR（1）模型为例，设

$$y_t=\varphi_1y_{t-1}+a_t\tag{4.3.2}$$

令

$$S=\sum_{t=2}^{n}(y_t-\varphi_1y_{t-1})^2\tag{4.3.3}$$

为求 ϕ_1，对 S 求偏导有

$$\frac{\partial S}{\partial\varphi_1}=\sum_{t=2}^{n}2[(y_t-\varphi_1y_{t-1})](-y_{t-1})\tag{4.3.4}$$

令式（4.3.4）等于零，求解 ϕ_1 得到

$$\hat{\varphi}_1=\frac{\sum_{t=2}^{n}y_ty_{t-1}}{\sum_{t=2}^{n}y_{t-1}^2}\tag{4.3.5}$$

以上参数估计过程可推广至 AR（p）模型，可得到类似结果。

4.3.3 MA 模型的 OLS 估计

以 MA（1）模型为例，设

$$y_t = a_t - \theta_1 a_{t-1} \tag{4.3.6}$$

显然，如果直接对式（4.3.6）进行 OLS 估计是行不通的，需要利用 MA 模型转换为 AR(∞) 的形式进行。式（4.3.6）可以表示为

$$y_t = -\theta y_{t-1} - \theta^2 y_{t-2} - \theta^3 y_{t-3} - \cdots + a_t \tag{4.3.7}$$

式（4.3.7）一个无穷阶的自回归模型形式，运用最小二乘法，通过选择 θ 使式（4.3.8）最小化

$$S(\theta) = \sum (a_t)^2 = \sum (y_t + \theta y_{t-1} + \theta^2 y_{t-2} + \theta^3 y_{t-3} + \cdots)^2 \tag{4.3.8}$$

从方程式（4.3.7）中可以看出，最小二乘法关于参数是非线性的，无法通过对 θ 求导数令其等于零并求解来得出 $S(\theta)$ 的最小值。因此，即使对最简单的 MA（1）模型，也需求助于数值优化技术。

为解决上述问题，考虑给定一个单独的 θ 值来对 $S(\theta)$ 进行评估。式（4.3.6）可以重写为

$$a_t = y_t + \theta_1 a_{t-1} \tag{4.3.9}$$

利用式（4.3.9），如果已知初始值 a_0，则可以递推计算(a_1，$a_2,\cdots,a_n$)，通常假定 $a_0 = 0$，则在此条件下，可得

$$\begin{aligned} a_1 &= y_1 \\ a_2 &= y_2 + \theta a_1 \\ a_3 &= y_3 + \theta a_2 \\ &\vdots \\ a_n &= y_n + \theta a_{n-1} \end{aligned}$$

这样就对这个给定的 θ 值，以 $a_0 = 0$，计算了 $S(\theta) = \sum (a_t)^2 = \sum [y_t - (a_t - \theta a_{t-1})]^2$。在只有一个参数的简单情形，可在 θ 的可逆域（-1,1）上进行网络式搜索，来求得平方和的最小值。对于更一般的 MA(q)模型，则需要应用诸如 Gauss-Newton 等数值优化算法。

对高阶滑动平均模型，自下式迭代计算 $a_t = a_t(\theta_1, \theta_2, \cdots, \theta_q)$

$$a_t = Y_t + \theta_1 a_{t-1} + \theta_2 a_{t-2} + \cdots + \theta_q a_{t-q}$$

其中，$a_0 = a_{-1} = \cdots = a_{-q} = 0$，使用多元数值算法，可以就 $\theta_1, \theta_2, \cdots, \theta_q$ 联合地求取平方和的最小值。

4.3.4 ARMA 模型的 OLS 估计

考虑 ARMA(1,1)的情况

$$y_t = \varphi y_{t-1} + a_t - \theta_1 a_{t-1} \tag{4.3.10}$$

像 MA 模型一样，考虑 $a_t = a_t(\phi,\theta)$，并期望将 $S_c(\phi,\theta) = \sum a_t^2$ 最小化，可把方程式（4.3.10）重写成

$$a_t = y_t - \varphi y_{t-1} + \theta_1 a_{t-1} \tag{4.3.11}$$

为求得 e_t，需要知道 y_0，一般假定，$y_0 = 0$；或者从 t=2 开始递推，能实现 $S_c(\phi,\theta) = \sum a_t^2$ 最小化即可。

对一般的 ARMA(p,q)模型，计算

$$a_t = y_t - \varphi_1 y_{t-1} - \cdots - \varphi_p y_{t-p} + \theta_1 a_{t-1} + \cdots + \theta_q a_{t-q} \tag{4.3.12}$$

其中，$a_p = a_{p-1} = \cdots = a_{p+1-q} = 0$，然后用数值算法最小化 $S_c(\phi_1,\phi_2,\cdots,\phi_p,\theta_1,\theta_2,\cdots,\theta_q)$，来求得所有参数的条件最小二乘估计。

可见，三类模型可以用 OLS 进行参数估计，只是与一般模型相比，MA、ARMA 模型中，由于白噪声序列的值是未知的，不能直接得到参数估计值，需要利用数值优化算法搜索得到参数估计值。

4.4　模型的适应性检验

时间序列模型参数估计后，需要对模型进行统计检验，保证模型在统计上是有意义的。模型检验主要针对残差序列展开。构建模型时，假定随机扰动项是白噪声序列，即零均值、等方差、独立序列，估计参数后的残差序列，如果能通过上述检验则说明模型拟合良好。

4.4.1　残差序列的相关性检验

残差序列的独立性无法直接检验，故可以考察其相关性，如果序列值间相关性很小，则可说明序列是独立的，采取的方法是计算残差序列的自相关函数（ACF），表明不同间隔时的相关性，若 ACF 较大，则残差不是独立的。

先看一下，为什么要求残差序列是独立的，以 AR(2)模型为例，设

$$z_t = \varphi_1 z_{t-1} + \varphi_2 z_{t-2} + a_t$$

则

$$z_{t-1} = \varphi_1 z_{t-2} + \varphi_2 z_{t-3} + a_{t-1}$$

计算残差序列的间隔为 1 的相关性，其自协方差有

$$\begin{aligned} r_1 &= E(a_t a_{t-1}) = E[a_t(z_{t-1} - \varphi_1 z_{t-2} - \varphi_2 z_{t-3})] \\ &= E(a_t z_{t-1}) - \varphi_1 E(a_t z_{t-2}) - \varphi_2 E(a_t z_{t-3}) \end{aligned}$$

当 r_1 值比较大时，a_t 与 z_{t-1}、z_{t-2} 或 z_{t-3} 是相关的，则 a_t 不是真正意义的白噪声序列，模型阶数是有问题的。具体检验统计量如下。

设残差序列的自相关函数为 ρ_k，当 N 足够大时，提出假设

$$H_0\text{：} \rho_1 = \rho_2 = \cdots = \rho_L = 0; H_1\text{：} (\rho_1,\rho_2,\cdots,\rho_L)\text{至少有不为0的}。$$

在零假设成立条件下

$$Q=\sum_{k=1}^{L}(\sqrt{N}\rho_k)^2 \sim \chi^2(L-m)$$

其中，$L=\sqrt{N}$，N 为样本容量，m 为模型参数个数。给定显著性水平 α，当 $Q>Q_\alpha$ 时，拒绝原假设，ρ_k 中至少有不为零的，残差序列不独立；否则，接受原假设。

例 4.4.1 列出运行数据的 MA(4)模型残差独立性检验。

利用残差序列相关性值进行独立性检验，列车运行数据的 MA(4)模型残差序列的自相关函数如图 4.4.1 所示，计算 χ^2 检验统计量，结果为

$$k=1,2,\cdots,L; L=\left[\frac{59}{10}\right]=5$$

$$\chi^2=\sum_{k=1}^{L}(\sqrt{N}\rho_k)^2=N\sum_{k=1}^{5}\rho_k^2=59[(-0.014)^2+0.067^2+0.006^2+(-0.063)^2+0.023^2]=0.543\,9$$

取 $\alpha=0.05$，$\chi^2_{0.05}(5-3)=5.99$，0.543 9<5.99，原假设成立，残差序列是独立的。

在 eviews 软件操作中，在 MA（4）参数估计页面执行 View 命令后，进行如图 4.4.1 的操作，即可得到如图 4.4.2 的结果。

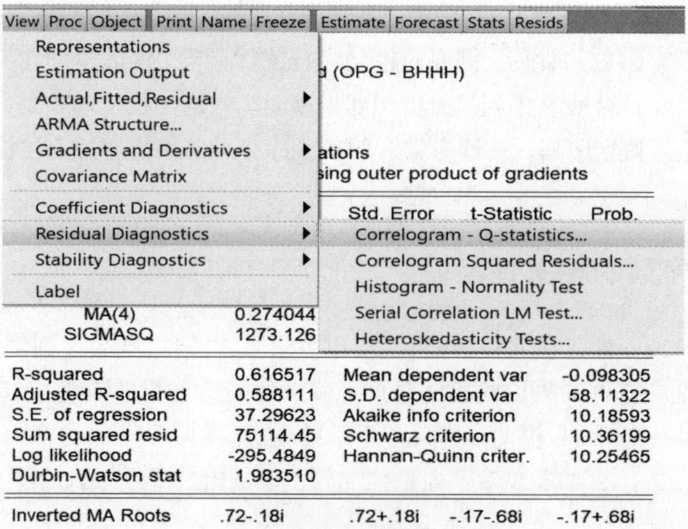

View | Proc | Object | Print | Name | Freeze | Estimate | Forecast | Stats | Resids

Representations
Estimation Output
Actual,Fitted,Residual
ARMA Structure...
Gradients and Derivatives
Covariance Matrix
Coefficient Diagnostics
Residual Diagnostics
Stability Diagnostics
Label

d (OPG - BHHH)
ations
sing outer product of gradients

Std. Error t-Statistic Prob.

Correlogram - Q-statistics...
Correlogram Squared Residuals...
Histogram - Normality Test
Serial Correlation LM Test...
Heteroskedasticity Tests...

MA(4)	0.274044		
SIGMASQ	1273.126		
R-squared	0.616517	Mean dependent var	-0.098305
Adjusted R-squared	0.588111	S.D. dependent var	58.11322
S.E. of regression	37.29623	Akaike info criterion	10.18593
Sum squared resid	75114.45	Schwarz criterion	10.36199
Log likelihood	-295.4849	Hannan-Quinn criter.	10.25465
Durbin-Watson stat	1.983510		
Inverted MA Roots	.72-.18i	.72+.18i	-.17-.68i	-.17+.68i

图 4.4.1 残差序列自相关函数操作

Autocorrelation	Partial Correlation		AC	PAC	Q-Stat	Prob
		1	−0.014	−0.014	0.0115	
		2	−0.067	−0.067	0.2912	
		3	0.006	0.004	0.2932	
		4	−0.063	−0.067	0.5518	
		5	0.023	0.022	0.5874	0.443
		6	0.126	0.119	1.6650	0.435
		7	−0.124	−0.120	2.7356	0.434
		8	0.029	0.040	2.7939	0.593
		9	−0.095	−0.113	3.4384	0.633
		10	−0.110	−0.094	4.3220	0.633

图 4.4.2 列出运行数据残差序列自相关函数

4.4.2　残差序列同方差性检验

一般假定随机扰动项方差是常数是为了保证残差序列零均值是有意义的，等方差意味着残差序列会在零均值上下等距离波动，而如果存在异方差，有的残差值离零均值很远、数值很大，那么零均值就失去了意义。同样，同方差的检验需要使用其反方向的检验——异方差检验，若异方差不存在则为等方差序列。常用到的异方差检验是自回归条件异方差（ARCH）检验。

1. ARCH 模型

许多计量模型估计出来的随机扰动项 u_i 并不满足同方差且为常数的假定，即

$$\mathrm{var}(u_i)=\sigma_i^2 \tag{4.4.1}$$

例如，大公司的利润变化幅度要比小公司的利润变化幅度大，某一时期股票市场价格变化幅度大，而另一时期股票市场价格变化幅度小。恩格尔于 1982 年提出了 ARCH 模型用来描述异方差现象，并与协整理论的提出者格兰杰共同获得 2003 年诺贝尔经济学奖。ARCH 模型的基本思想是：随机扰动项 u_t 的方差依赖它的前期值 u_{t-1} 的大小，可以用式（4.4.2）表示。

$$\sigma_t^2=a_0+a_1u_{t-1}^2+a_2u_{t-2}^2+\cdots+a_pu_{t-p}^2 \tag{4.4.2}$$

式（4.4.2）即为 ARCH（p）模型，要求 $a_i>0,i=(0,1,\cdots,p)$。

由于 $E(u_t)=0$，则 $E(u_t^2)=\sigma_t^2$，因此，$(u_{t-1}^2,u_{t-2}^2,\cdots,u_{t-p}^2)$ 相当于它们的方差值，而系数为正的要求是当 $(u_{t-1}^2,u_{t-2}^2,\cdots,u_{t-p}^2)$ 增大时，t 期方差值 σ_t^2 增大，因此，人们将 ARCH 模型描述的异方差形象地比喻为“大的跟着大的，小的跟着小的”。

另外，式（4.4.2）中被解释变量 σ^2 是大于零的，为保证模型意义，要求参数均要大于 0。但是，当模型中参数较多时，往往有参数不能满足大于 0 的要求，由此产生了广义自回归条件异方差模型（GARCH）。由式（4.4.2）推出

$$\sigma_{t-1}^2=a_0+a_1u_{t-2}^2+a_2u_{t-3}^2+\cdots+a_pu_{t-p-1}^2 \tag{4.4.3}$$

将式（4.4.3）代入式（4.4.2）中可以得到 GARCH（p,q）模型如下

$$\sigma_t^2=a_0+\sum_{i=1}^{p}a_iu_{t-i}^2+\sum_{j=1}^{q}\beta_j\sigma_{t-j}^2 \tag{4.4.4}$$

2. 异方差检验

根据上述思想对式（4.4.3）提出原假设。

$$\begin{aligned}&H_0:\alpha_1=\alpha_2=\cdots=\alpha_p=0;\\&H_1:\alpha_j\text{不全为零}(j=1,2,\cdots,p)\end{aligned} \tag{4.4.5}$$

异方差检验统计量有两种：一种是利用模型拟合结果；另一种是计算残差平方项的相关性。

利用模型拟合结果的统计量是 $(n-p)R^2$ 和 F 统计量。利用回归得到的拟合优度 R^2 与自由度 $n-p$ 构造检验统计量 χ^2，在 H_0 成立的条件下，基于大样本，$(n-p)R^2$ 服从 χ^2

分布。给定显著性水平 α，查 $\chi^2(p)$ 分布表的临界值 $\chi^2_\alpha(p)$，若 $(n-p)R^2 > \chi^2_\alpha(p)$ 则拒绝原假设，表明模型中的随机误差存在异方差。F 统计量同 $(n-p)R^2$ 的性质一样，它们设计的思路是，若模型拟合效果良好则参数整体显著不为 0，存在异方差现象。

另外，通残差平方 u_t^2 的自相关函数（ACF）也可检验残差序列是否存在 ARCH 效应。式（4.4.2）表示残差平方 u_t^2 序列存在相关性，所以，通过计算不同时间间隔的 ACF 值可以考察是否存在异方差性。当 ACF 值较大、Q 统计量显著时，存在 ARCH 效应。

例 4.4.2 列车运行数据模型残差的异方差性检验。

利用列车运行数据 MA（4）模型残差序列进行异方差检验，结果如图 4.4.3 所示。在 5%显著性水平下，F 统计量及 TR^2 统计量的 p 值均大于 5%，拒绝原假设，残差序列不存在异方差。

Heteroskedasticity Test: ARCH

F-statistic	3.157385	Prob. F(1,56)	0.0810
Obs*R-squared	3.095612	Prob. Chi-Square(1)	0.0785

Test Equation:
Dependent Variable: RESID^2
Method: Least Squares
Date: 11/19/23 Time: 15:15
Sample (adjusted): 1993M03 1997M12
Included observations: 58 after adjustments

Variable	Coefficient	Std. Error	t-Statistic	Prob.
C	999.8421	272.0012	3.675873	0.0005
RESID^2(-1)	0.230033	0.129457	1.776903	0.0810

图 4.4.3 列出运行数据残差 ARCH 效应检验结果

Eviews 软件操作中，在 MA（4）参数估计页面执行 view 命令后即可进行如图 4.4.4 和图 4.4.5 的操作，得到如图 4.4.3 的结果。

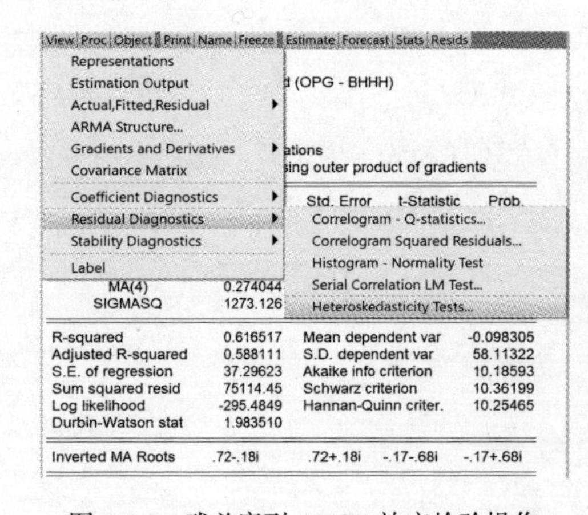

图 4.4.4 残差序列 ARCH 效应检验操作 1

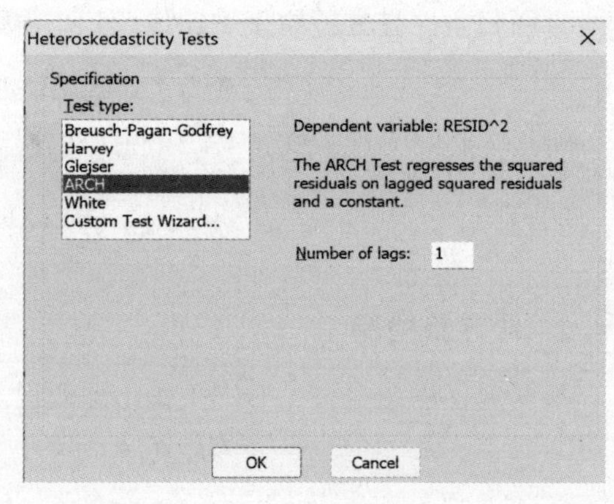

图 4.4.5 残差序列 ARCH 效应检验操作 2

例 4.4.3 选取自 2010 年 10 月 8 日至 2021 年 12 月 1 日的 A 股指数的收盘价数据，共计 2 713 个样本数据，数据变量记作 agsp，考察是否存在异方差现象。

首先，拟合 AR（1）模型，见式（4.4.6）。

$$\ln(agsp_t) = 0.017\,2 + 0.997\,9\ln(agsp_{t-1}) + \hat{u}_t \tag{4.4.6}$$

观察其残差的波动情况，绘制残差图 4.4.6，可以发现出现了集群分布，比较典型的有 2015 年的数据，因此，残差项可能存在条件异方差。

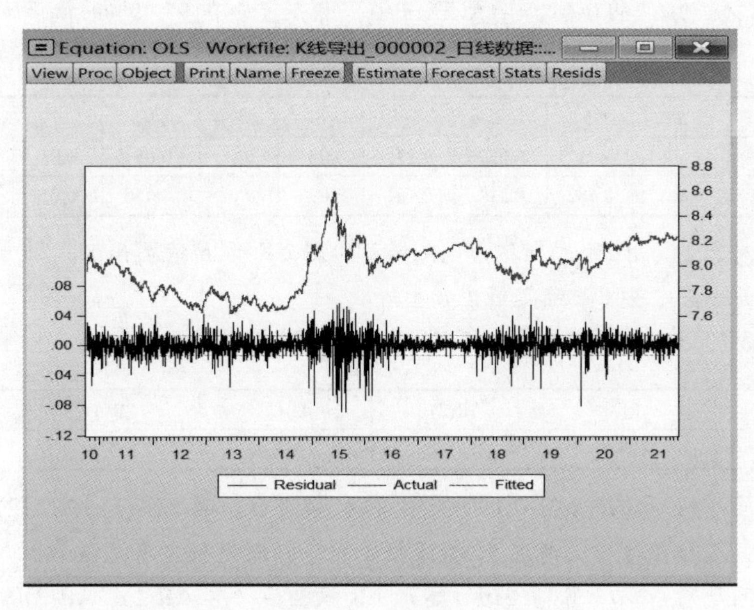

图 4.4.6　残差图

其次，在进行了 OLS 回归之后可以得到残差序列 $\{\hat{u}_t\}_{t=1}^{n}$。考虑原假设为残差序列直到 p 阶都不存在 ARCH 效应，因此，需要进行以下的辅助回归。

$$\hat{u}_t^2 = \alpha_0 + \left(\sum_{s=1}^{p}\alpha_s\hat{u}_{t-s}^2\right) + \varepsilon_t \tag{4.4.7}$$

原假设与备择假设为

$$H_0: \alpha_1 = \alpha_2 = \cdots = \alpha_p = 0;$$
$$H_1: a_j (j = 1, 2, \cdots, p) \text{不全为0}$$

先考虑使用 LM 检验，当设置滞后阶数为 1 时，结果见表 4.4.1。

表 4.4.1　ARCH 效应检验结果

F-statistic	115.670 5	Prob. F(1,2 710)	0.000 0
Obs*R-squared	111.017 3	Prob. Chi-Square(1)	0.000 0

可以注意到两个 p 值都为 0，显著拒绝原假设，即残差序列存在 ARCH 效应。

1. 一个容量为 49 的时间序列 $\{z_t\}$ 建立 AR(2)模型后，对残差序列进行相关性检验的结果如下，在 5%显著性水平下，检验残差是否独立？

	1	2	3	4	5	6	7	8	9
ACF	0.15	0.23	0.09	0.14	0.08	0.1	0.07	0.13	0.01
PACF	0.15	0.07	0.14	0.05	0.01	0.10	0.02	0.17	0.08

2. 一个容量为 64 的序列，其 ACF、PACF 值如下。在 95.45%的概率下，对序列进行模型定阶。

	1	2	3	4	5	6	7	8	9	10	11
ACF	0.721	0.509	0.01	0.03	0.17	0.08	0.1	0.05	0.03	0.01	0.04
PACF	0.721	0.621	0.482	0.311	0.104	0.098	0.08	0.056	0.01	0.02	0.03

3. 已知对容量为 81 的序列拟合 AR 模型的剩余平方和结果如下。

（1）利用残差方差图法确定最优模型阶数。

（2）在 5%显著性水平下，利用 F 检验确定最优模型阶数。

	AR(1)	AR(2)	AR(3)	AR(4)	AR(5)
剩余平方和	3689.4	3175.2	1038.4	911.5	903.6

4. 对时间序列 $\{y_t\}(t=1,2,\cdots,100)$ 建立 MA 模型后，其 MA(1)、MA(2)的剩余平方和分别为 3691.5 和 2945.3，请在 5%显著性水平下判断两模型有无显著性差异。

5. 对时间序列 $\{y_t\}(t=1,2,\cdots,100)$ 建立 AR 模型后，其 AR(1)、AR(2)的剩余平方和分别为 1691.5 和 945.3，请在 5%显著性水平下判断两模型有无显著性差异。

6. 一个容量为 70 的序列拟合 AR(1)、AR(2)、AR(3)的结果如表 1、表 2、表 3。

（1）请根据信息准则确定最优模型阶数。

（2）请根据表1、表2、表3 的拟合结果，在 5%的显著性水平下比较各模型有无显著性差异。

表 1　AR(1)模型拟合结果

	Coefficient	Std.Error	t-Statistic	Prob.
AR(1)	−0.764 620	0.081 080	−9.430 477	0.000 0
Sum squared resid	11 207.80	Schwarz criterion		8.004 786

表 2　AR(2)模型拟合结果

	Coefficient	Std.Error	t-Statistic	Prob.
AR(1)	−0.991 924	0.119 546	−8.297 451	0.000 0
AR(2)	−0.316 856	0.118 853	−2.665 950	0.009 7
Sum squared resid	9 418.847	Schwarz criterion		7.909 166

表 3　AR(3)模型拟合结果

	Coefficient	Std.Error	t-Statistic	Prob.
AR(1)	−1.005 989	0.128 007	−7.858 858	0.000 0
AR(2)	−0.479 300	0.171 079	−2.801 622	0.006 7
AR(3)	−0.183 876	0.123 850	−1.484 669	0.142 6
Sum squared resid	8 907.301	Schwarz criterion		7.933 288

7. 一个容量为70的数据拟合AR(3)后的残差序列的相关性检验结果如下表，请在5%的显著性水平下判断残差序列是否独立？

	AC	PAC	Q-Stat	Prob
1	–0.032	–0.032	0.069 2	
2	–0.075	–0.076	0.467 0	
3	–0.145	–0.151	1.968 2	
4	–0.106	–0.127	2.783 1	0.095
5	–0.151	–0.196	4.462 1	0.107
6	–0.071	–0.152	4.841 6	0.184
7	0.034	–0.068	4.930 2	0.295
8	0.018	–0.096	4.955 6	0.421
9	–0.110	–0.233	5.901 2	0.434
10	0.085	–0.047	6.479 3	0.485

8. 模拟一个长度$n=72,\varphi_1=0.7,\varphi_2=-0.4$的AR(2)的时间序列。

（1）计算并画出该模型的理论自相关函数。

（2）计算并画出该模拟序列的样本ACF，并与（1）的结果比较。

（3）计算并画出该模型的理论偏自相关函数。

（4）计算并画出该模拟序列的样本PACF，并与（3）的结果比较。

9. 模拟一个长度$n=30,\varphi_1=0.5$的AR(1)的时间序列。

（1）利用模拟数据拟合AR（1）模型，并观察残差的时间序列图。

（2）画出残差的正态分位数图，该图支持AR（1）的识别吗？

（3）画出残差的ACF，该图支持AR（1）的识别吗？

自学自测

扫描此码

第 5 章

平稳时间序列预测

时间序列分析的目标有两个：一是根据模型拟合结果对数据背后的现象变动特征加以描述；二是根据模型拟合结果对现象变动的未来特征进行预测。本章介绍平稳时间序列的最小均方误预测和条件期望预测。

5.1 最小均方误预测法

在了解最小均方误预测方法前，需要先了解模型形式转换方法，也就是将 AR 模型转换为 MA 模型，或者将 MA 模型转换为 AR 模型的方法。

5.1.1 AR 模型转换为 MA 模型

设 AR(p)模型简化形式为

$$\varphi_p(B)z_t = a_t \tag{5.1.1}$$

其中，$\varphi_p(B) = (1-\varphi_1 B - \varphi_2 B^2 - \cdots - \varphi_p B^p)$。

同设 AR(p)模型转换为 MA 模型，设

$$z_t = \psi(B)a_t \tag{5.1.2}$$

其中，$\psi(B) = (1+\psi_1 B + \psi_2 B^2 + \cdots)$。

将式（5.1.1）和式（5.1.2）结合在一起，有

$$z_t = \frac{1}{\varphi_p(B)}a_t = \psi(B)a_t$$

所以，$\varphi_p(B)\psi(B) = 1$。

$$(1-\varphi_1 B - \varphi_2 B^2 - \cdots - \varphi_p B^p)(1+\psi_1 B + \psi_2 B^2 + \cdots) = 1$$

通过等式两端 B 的同次幂系数相等关系，可以利用已知的 AR(p)模型参数求出未知的 MA(∞) 的参数，有

B: $\psi_1 - \varphi_1 = 0 \Rightarrow \psi_1 = \varphi_1$

B^2: $\psi_2 - \phi_1\psi_1 - \varphi_2 = 0 \Rightarrow \psi_2 = \varphi_1\psi_1 + \varphi_2 = \varphi_1^2 + \varphi_2$

$$\vdots$$

B^p: $-\varphi_p - \psi_1\varphi_{p-1} - \psi_2\varphi_{p-1} - \cdots + \psi_p = 0 \Rightarrow \psi_p = \varphi_p + \varphi_{p-1}\psi_1 + \varphi_{p-2}\psi_2 + \cdots + \varphi_1\psi_{p-1}$

$$\vdots$$

因此，可以将 AR(p)转换为 MA(∞)。

5.1.2　ARMA 模型转换为 MA 模型

设 ARMA(*p*,*q*)模型简化形式为

$$\varphi_p(B)z_t = \theta_q(B)a_t \tag{5.1.3}$$

其中，$\varphi_p(B) = (1-\varphi_1 B-\varphi_2 B^2-\cdots-\varphi_p B^p)$, $\theta_q(B) = (1-\theta_1 B-\theta_2 B^2-\cdots-\theta_q B^p)$。

同设 ARMA(*p*,*q*)模型转换为 MA 模型，设

$$z_t = \psi(B)a_t \tag{5.1.4}$$

其中，$\psi(B) = (1+\psi_1 B+\psi_2 B^2+\cdots)$。

将式（5.1.3）和式（5.1.4）结合在一起，有

$$z_t = \frac{\theta_q(B)}{\varphi_p(B)}a_t = \psi(B)a_t$$

所以，$\varphi_p(B)\psi(B) = \theta_q(B)$。

$$(1-\varphi_1 B-\varphi_2 B^2-\cdots-\varphi_p B^p)(1+\psi_1 B+\psi_2 B^2+\cdots) = 1-\theta_1 B-\cdots-\theta_q B^q$$

通过等式两端 B 的同次幂系数相等关系可以利用已知的 AR(*p*)模型参数求出未知的 MA(∞) 的参数，有

$$\begin{aligned} &B:\ \psi_1-\varphi_1 = -\theta_1 \Rightarrow \psi_1 = \varphi_1-\theta_1 \\ &B^2:\ \psi_2-\varphi_1\psi_1-\varphi_2 = -\theta_2 \Rightarrow \psi_2 = \varphi_1\psi_1+\varphi_2-\theta_2 \\ &\qquad\vdots \end{aligned}$$

因此，可以将 ARMA(*p*,*q*)转换为 MA(∞)。

5.1.3　MA 模型转换为 AR 模型

将 MA 模型转换为 AR 模型更具实际应用意义。例如，估计 MA 模型参数时，白噪声序列值是未知的，只有将其转换为 AR 模型后进行参数估计，然后利用 AR 模型参数与 MA 模型参数关系间接得到 MA 模型参数。

设 MA(*q*)模型为

$$z_t = \theta_q(B)a_t \tag{5.1.5}$$

其中，$\theta_q(B) = (1-\theta_1 B-\theta_2 B^2-\cdots-\theta_q B^q)$。

同设 MA(*q*)模型转换为 AR 模型，设

$$\pi(B)z_t = a_t \tag{5.1.6}$$

其中，$\pi(B) = (1-\pi_1 B-\pi_2 B^2-\cdots)$。

将式（5.15）和式（5.1.6）结合在一起，有

$$\frac{1}{\theta_q(B)}z_t = a_t = \pi(B)z_t$$

所以，$\theta_q(B)\pi(B) = 1$。

$$(1-\theta_1 B-\theta_2 B^2-\cdots-\theta_q B^q)(1-\pi_1 B-\pi_2 B^2-\cdots) = 1$$

利用等式两端 B 的同次幂系数相等关系，有

$$B:-\pi_1-\theta_1=0\Rightarrow\pi_1=-\theta_1$$

$$B^2:-\pi_2+\theta_1\pi_1-\theta_2=0\Rightarrow\pi_2=\theta_1\pi_1-\theta_2=-\theta_1^2-\theta_2$$

$$\vdots$$

$$B^q:-\theta_q-\pi_q+\theta_1\pi_{q-1}+\theta_2\pi_{q-2}+\cdots=0\Rightarrow\pi_q=\theta_q-\pi_{q-1}\theta_1-\pi_{q-2}\theta_2+\cdots$$

$$\vdots$$

因此，可以将 MA(q)转换为AR(∞)。有限阶数模型被转化为另一类模型时，阶数是∞阶。此处可以将其理解为仅是模型形式转换，每一类模型有独立存在的意义，模型转换是为了满足数理分析的需求。

5.1.4 最小均方误预测

最小均方误预测指$E(z_{n+l}-\hat{z}_n(l))^2$达到最小，其中，当前序列最后一期值为$z_n$，$z_{n+l}$表示$n+l$期的实际值，$\hat{z}_n(l)$表示从第 n 期向前预测 l 期值。最小均方误的涵义是用$z_{n+l}-\hat{z}_n(l)$表示预测误差，有正、有负的误差用取平方加以表示，当l取不同时期时，预测误差有大有小，取期望表示平均来讲，预测误差达到最小，此时就实现了最优预测。

设 ARMA(p,q)的形式为

$$\varphi_p(B)z_t=\theta_q(B)a_t \tag{5.1.7}$$

将式（5.1.7）写成 MA 模型形式，即

$$z_t=\psi(B)a_t=a_t+\psi_1a_{t-1}+\psi_2a_{t-2}+\cdots \tag{5.1.8}$$

z_{n+l}的理论形式为

$$z_{n+l}=a_{n+l}+\psi_1a_{n+l-1}+\psi_2a_{n+l-2}+\cdots+\psi_{l-1}a_{n+1}+\psi_la_n+\psi_{l+1}a_{n-1}+\cdots \tag{5.1.9}$$

其中，z_{n+l}是将模型形式外推，等号右边第一项是a_{n+l}。

$\hat{z}_n(l)$的表达式为

$$\hat{z}_n(l)=\psi_l^*a_n+\psi_{l+1}^*a_{n-1}+\psi_{l+2}^*a_{n-2}+\cdots \tag{5.1.10}$$

$\hat{z}_n(l)$表示基于序列现有值的预测值，所以，等号右边可利用的是（$a_n,a_{n-1},a_{n-2},\cdots$），参数未知，用$(\psi_l^*,\psi_{l+1}^*,\cdots)$表示。

根据最小均方误预测的定义，有

$$\begin{aligned}E(z_{n+l}-z_n(l))^2&=E(a_{n+l}+\psi_1a_{n+l-1}+\cdots+\psi_{l-1}a_{n+1}+\psi_la_n+\psi_{l+1}a_{n-1}+\cdots-\psi_l^*a_n-\psi_{l+1}^*a_{n-1}-\cdots)^2\\&=\sigma_a^2\sum_{j=0}^{l-1}\psi_j^2+\sigma_a^2\sum_{j=0}^{l-1}(\psi_{l+j}-\psi_{l+j}^*)^2\end{aligned}$$

可见，当$\psi_{l+j}=\psi_{l+j}^*$时，误差平方均值最小。

这样，

$$\hat{z}_n(l)=\psi_la_n+\psi_{l+1}a_{n-1}+\psi_{l+2}a_{n-2}+\cdots \tag{5.1.11}$$

可见，$\hat{z}_n(l)$结果就是z_{n+l}理论形式的后半部分，二者的关系可以用条件期望概念解释z_{n+l}与$\hat{z}_n(l)$的关系。

条件期望的定义为：$E(y|x)=\sum y_i p(y_i|x_i)$，应用到时间序列分析中有以下期望。

（1）$E(a_{n+1}|z_1,z_2,\cdots,z_n)=\sum a_{n+1}p(a_{n+1}|z_1,z_2,\cdots,z_n)=0$。

即在$(z_1,z_2,\cdots,z_n)$条件下，a_{n+1}出现概率为 0。

（2）$E(a_n|z_1,\cdots,z_n)=\sum a_n p(a_n|z_1,\cdots,z_n)=a_n$。

则

$$E(a_{n+j}|z_1,z_2,\cdots,z_n)=\begin{cases}0, & j>0\\ a_{n+j}, & j\leqslant 0\end{cases}$$

这样，在$(z_1,z_2,\cdots,z_n)$已知条件下，z_{n+l}的条件期望为

$$E(z_{n+l}|z_1,z_2,\cdots,z_n)=\sum_{j=l}^{\infty}\psi_j a_{n+l-j}=\hat{z}_n(l)$$

因此，可以得到以下结论。

（1）在$(z_1,z_2,\cdots,z_n)$条件下预测z_{n+l}，z_{n+l}的条件期望与最小均方误预测的结论是一样的。

（2）最小均方误预测就是基于现有值的条件期望值。

也就是说，可利用条件期望预测代替最小均方误预测。具体预测时，可以根据现有模型写出预测期模型形式，对等号右边各项取条件期望，即可得到预测值。

5.1.5　预测方差和预测区间

根据式（5.1.9）和式（5.1.11），预测误差为

$$e_n(l)=z_{n+l}-\hat{z}_n(l)=a_{n+l}-\psi_1 a_{n+l-1}+\cdots+\psi_{l-1}a_{n+1} \tag{5.1.12}$$

因为，

$$E(e_n(l))=0$$

所以，

$$\begin{aligned}E(e_n(l))^2&=\mathrm{var}(e_n(l))=E(z_{n+l}-\hat{z}_n(l))^2=E(a_{n+l}-\psi_1 a_{n+l-1}+\cdots+\psi_{l-1}a_{n+1})^2\\&=(1+\psi_1^2+\cdots+\psi_{l-1}^2)\sigma^2\end{aligned} \tag{5.1.13}$$

接下来，给出z_{n+l}的分布。

$E(z_{n+l})=\hat{z}_n(l)$

$$\begin{aligned}\mathrm{var}(z_{n+l}|z_n,z_{n-1},\cdots)&=E(z_{n+l}-E(z_{n+l}))^2=E(z_{n+l}-\hat{z}_n(l))^2\\&=\mathrm{var}(e_n(l))^2=(1+\psi_1^2+\cdots+\psi_{l-1}^2)\sigma^2\end{aligned} \tag{5.1.14}$$

进一步地，在正态分布假定下，有

$$z_{n+l}\big|z_n,z_{n-1},\cdots\sim N(\hat{z}_n(l),(1+\psi_1^2+\cdots+\psi_{l-1}^2)\sigma^2) \tag{5.1.15}$$

由此可以得到 z_{n+l} 预测值的 95%置信区间估计值为：

$$\hat{z}_n(l)-1.96\sqrt{\operatorname{var}(e_n(l))},\quad \hat{z}_n(l)+1.96\sqrt{\operatorname{var}(e_n(l))}$$

5.2 条件期望预测法

5.2.1 条件期望值的一般规定

根据条件期望的含义，结合时间序列的特征，基于条件期望的预测下常量的条件期望是其本身，即

$$E(z_k \mid z_1,z_2,\cdots,z_n)=z_k(k\leqslant n)$$
$$E(a_k \mid z_1,z_2,\cdots,z_n)=a_k(k\leqslant n)$$

也就是说，序列值及随机扰动项的时期在样本期内时，其条件期望值就是其本身，而未来扰动的条件期望为零。

$$E(a_k \big| z_1,z_2,\cdots,z_n)=0(k>n)$$

由于基于现有序列值无法给出未来的随机扰动项的概率分布，故可以认为其出现概率为 0，条件期望值为 0。未来取值的条件期望为其预测值，即

$$E(z_{n+l} \big| z_1,z_2,\cdots,z_n)=\hat{z}_n(l)$$

5.2.2 AR 模型的条件期望预测

设 AR(p)模型为

$$z_t=\varphi_1 z_{t-1}+\varphi_2 z_{t-2}+\cdots+\varphi_p z_{t-p}+a_t \tag{5.2.1}$$

依据条件期望预测思路，有

$$z_{t+1}=\varphi_1 z_t+\varphi_2 z_{t-1}+\cdots+\varphi_p z_{t-p+1}+a_{t+1} \tag{5.2.2}$$

对其取条件期望有

$$\hat{z}_t(1)=E(z_{t+1}\big| z_1,z_2,\cdots,z_t)=\varphi_1 z_t+\varphi_2 z_{t-1}+\cdots+\varphi_p z_{t-p+1} \tag{5.2.3}$$

依次类推，有

$$z_{t+2}=\varphi_1 z_{t+1}+\varphi_2 z_t+\cdots+\varphi_p z_{t-p+2}+a_{t+2}$$
$$\hat{z}_t(2)=E(z_{t+2}\big| z_1,z_2,\cdots,z_t)=\varphi_1\hat{z}_t(1)+\varphi_2 z_t+\cdots+\varphi_p z_{t-p+2}$$
$$\vdots$$
$$\hat{z}_t(l)=E(z_{t+l}\big| z_1,z_2,\cdots,z_t)=\varphi_1\hat{z}_t(l-1)+\varphi_2\hat{z}_t(l-2)+\cdots+\varphi_p z_{t-p+l}$$

例 5.2.1 某序列适合 AR（2）模型，容量为 250 期，已知：$\phi_1=0.79$，$\phi_2=-0.22$，$z_{250}=4.58$, $z_{249}=3.78$, ，$\sigma^2=1.21$，请给出其 251、252 期预测值，以及 95%置信区间估计值。

$$\hat{z}_t(1) = \varphi_1 z_t + \varphi_2 z_{t-1} + a_t$$
$$\hat{z}_{250}(1) = 0.79 \times 4.58 - 0.22 \times 3.78 = 2.786\,6$$
$$\hat{z}_{250}(2) = \varphi_1(\hat{z}_t(1)) + \varphi_2(z_t) = 0.79 \times 2.7866 - 0.22 \times 4.58 = 1.193\,8$$

将 AR 模型转换为 MA 模型后，有 $\psi_1 = \varphi_1 = 0.79$，$\psi_2 = \varphi_1^2 + \varphi_2 = 0.401\,4$，根据式（5.1.14），$\hat{z}_{250}(1)$ 的 95%置信估计区间为

$$\hat{z}_n(l) - 1.96\sqrt{\text{var}(e_n(l))},\ \hat{z}_n(l) + 1.96\sqrt{\text{var}(e_n(l))}$$
$$2.786\,6 - 1.96\sqrt{1 \times 1.21},\ 2.786\,6 + 1.96\sqrt{1 \times 1.21}$$
$$(0.630\,6, 4.942\,6)$$

$\hat{z}_{250}(2)$ 的 95%置信估计区间为

$$\hat{z}_n(l) - 1.96\sqrt{\text{var}(e_n(l))}, \hat{z}_n(l) + 1.96\sqrt{\text{var}(e_n(l))}$$
$$1.193\,8 - 1.96\sqrt{(1+\psi_1^2) \times 1.21}, 1.193\,8 + 1.96\sqrt{(1+\psi_1^2) \times 1.21}$$
$$(-1.553\,7, 3.941\,3)$$

5.2.3　MA 模型的条件期望预测

根据条件期望预测含义，设 MA（q）模型为

$$z_t = a_t - \theta_1 a_{t-1} - \theta_2 a_{t-2} - \cdots - \theta_q a_{t-q} \tag{5.2.4}$$
$$z_{t+1} = a_{t+1} - \theta_1 a_t - \theta_2 a_{t-1} - \cdots - \theta_q a_{t-q+1} \tag{5.2.5}$$

t+1 期预测值为

$$\hat{z}_t(1) = -\theta_1 a_t - \theta_2 a_{t-1} - \cdots - \theta_q a_{t-q+1} \tag{5.2.6}$$

依次类推，有

$$z_{t+2} = a_{t+2} - \theta_1 a_{t+1} - \theta_2 a_t - \cdots - \theta_q a_{t-q+2} \tag{5.2.7}$$
$$\hat{z}_t(2) = -\theta_2 a_t - \theta_3 a_{t-1} - \cdots - \theta_q a_{t-q+2} \tag{5.2.8}$$
$$z_{t+q} = a_{t+q} - \theta_1 a_{t+q-1} - \theta_2 a_{t+q-2} - \cdots - \theta_q a_t \tag{5.2.9}$$
$$\hat{z}_t(q) = -\theta_q a_t \tag{5.2.10}$$
$$z_{t+q+1} = a_{t+q+1} - \theta_1 a_{t+q} - \theta_2 a_{t+q-1} - \cdots - \theta_q a_{t+1} \tag{5.2.11}$$
$$\hat{z}_t(q+1) = 0 \tag{5.2.12}$$

所以，$\hat{z}_t(l) = 0, l \geqslant q+1$。

因此，MA 模型短期预测的最远时期是 q 期，预测是基于现有模型规律的外推，MA 模型表示序列值跟前 q 期白噪声序列有关，当预测值的白噪声序列不在样本期内，那么条件期望预测将无法给出其概率分布情况，因此，最远只能预测 q 期。在预测 MA 模型时，白噪声序列的值未知将会给预测带来困难，故需要将 MA 转化为 AR 模型，利用以前的序列值进行预测。

例 5.2.2　求 MA（2）模型 $z_t = a_t - 0.9a_{t-1} + 0.2a_{t-2}$ 的 $\hat{z}_t(1)$ 和 $\hat{z}_t(2)$ 及 95%的置信区间的估计值。

解： 将 MA（2）模型 $z_t = a_t - 0.9a_{t-1} + 0.2a_{t-2}$ 变形为

$$\frac{1}{1-0.9B+0.2B^2}z_t = a_t = \pi(B)z_t = (1-\pi_1 B-\pi_2 B^2-\cdots)z_t$$

这样，

$$(1-0.9B+0.2B^2)(1-\pi_1 B-\pi_2 B^2-\cdots)=1$$

根据 MA 模型与 AR 模型参数关系，有

$$B:-\pi_1-0.9=0,\ \ \pi_1=-0.9$$
$$B^2:0.2-\pi_2+0.9\pi_1=0,\ \ \pi_2=-0.61$$
$$B^3:-0.2\pi_1-\pi_3+0.9\pi_2=0,\ \ \pi_3=-0.369$$
$$\vdots$$
$$\pi_J=0.9\pi_{J-1}-0.2\pi_{J-2}, j\geqslant 3$$
$$z_t=\pi_1 z_{t-1}+\pi_2 z_{t-2}+\pi_3 z_{t-3}+\cdots+a_t$$
$$\hat{z}_t(1)=\pi_1 z_t+\pi_2 z_{t-1}+\pi_3 z_{t-2}+\cdots$$
$$\hat{z}_t(2)=\pi_1 \hat{z}_t(1)+\pi_2 z_t+\pi_3 z_{t-1}+\cdots$$

对于 MA 模型来说，由于不涉及模型转换问题，根据式(5.1.14)，有 $\psi_1=\theta_1$, $\psi_2=\theta_2$,

$$\begin{aligned}\mathrm{var}(z_{n+l}|z_n,z_{n-1},\cdots)&=E(z_{n+l}-E(z_{n+l}))^2=E(z_{n+l}-\hat{z}_n(l))^2\\&=\mathrm{var}(e_n(l))^2=(1+\theta_1^2+\cdots+\theta_{l-1}^2)\sigma^2\end{aligned}$$

5.2.4 ARMA 模型的条件期望预测

以 ARMA(1,1)为例说明 ARMA 模型条件期望预测。

$$(1-\varphi_1 B)z_t=(1-\theta_1 B)a_t \tag{5.2.13}$$

则

$$z_{t+1}=\varphi_1 z_t+a_{t+1}-\theta_1 a_t \tag{5.2.14}$$
$$\hat{z}_t(1)=\varphi_1 z_t-\theta_1 a_t \tag{5.2.15}$$

依次类推，

$$\hat{z}_t(2)=\varphi_1\hat{z}_t(1)$$
$$\hat{z}_t(3)=\varphi_1\hat{z}(2)$$

这里，由于 a_t 未知，故需要模型被转化后进行预测。

例 5.2.3 $x_t-0.8x_{t-1}+0.5x_{t-2}=a_t-0.3a_{t-1}$, 已知 $x_{t-3}=-1$; $x_{t-2}=2$, $x_{t-1}=2.5$; $x_t=0.6$, 求 $\hat{x}_t(1),\hat{x}_t(2)$ 。

解：原模型简化为

$$(1-0.8B+0.5B^2)x_t=(1-0.3B)a_t$$
$$\frac{1-0.8B+0.5B^2}{1-0.3B}x_t=(1-\pi_1 B-\pi_2 B^2-\cdots)x_t=a_t$$

根据等号两边 B 的同次幂相等关系，有

$$B:-0.8=-\pi_1-0.3,\ \ \pi_1=0.5$$
$$B^2:\pi_2=-0.35$$
$$B^3:\pi_3=-0.105$$
$$\pi_4=-0.0315;\pi_5=-0.00945$$
$$\vdots$$

AR(p)模型的系数随时间间隔增大而减小，这里取 4 期值用于预测，即

$$x_t=\pi_1x_{t-1}+\pi_2x_{t-2}+\cdots+a_t$$
$$x_{t+1}=\pi_1x_t+\pi_2x_{t-1}+\pi_3x_{t-2}+\pi_4x_{t-3}+\cdots+a_{t+1}$$

这样，t+1 期预测值有

$$\begin{aligned}\hat{x}_t(1)&=\pi_1x_t+\pi_2x_{t-1}+\pi_3x_{t-2}+\pi_4x_{t-3}\\&=0.5\times0.6+(-0.35)\times2.5+(-0.105)\times2+(-0.0315)\times(-1)=-0.7535\end{aligned}$$

t+2 期预测值为

$$\begin{aligned}\hat{x}_t(2)&=\pi_1\hat{x}_t(1)+\pi_2x_t+\pi_3x_{t-1}+\pi_4x_{t-2}\\&=0.5\times(-0.7535)+(-0.35)\times0.6+(-0.105)\times2.5+(-0.0315)\times2=-0.912\end{aligned}$$

或者也可以直接用条件期望预测方法得到 t+2 期预测值，即

$$\begin{aligned}x_{t+2}&=0.8x_{t+1}-0.5x_t+a_{t+2}-0.3a_{t+1}\hat{x}_t(2)=0.8\hat{x}_t(1)-0.5x_t\\&=0.8\times(-0.7535)-0.5\times0.6=-0.9028\end{aligned}$$

可见，两种方法的预测结果比较接近。

综上所述，三种模型的预测可得到如下结论。

（1）最小均方误预测同条件期望预测结果一致，因此，在实际预测时，将模型规律外推，写出要预测时期的方程表达式，对等号右边的各项取条件期望即可得到其条件期望预测值。

（2）AR(p)模型的预测过程最简单，将模型规律外推即可得到相应时期预测值。

（3）MA(q)模型的预测时期最远为 q 期，因白噪声序列值未知，需将模型转化为 $AR(\infty)$ 后再进行预测。

（4）ARMA(p,q)模型预测中若遇到未知的白噪声序列值，则同样需要将模型转化为 $AR(\infty)$ 后得到预测值。

（5）预测误差需要将 AR 及 ARMA 模型转换为 MA 模型，根据转化后的参数求出结果，而 MA 模型则可直接根据其参数求出，然后，根据参数区间估计原理得到参数估计区间。

Eviews 软件的预测实现过程如下。

在模型估计结果窗口单击“proc”按钮，选择“Forecast”选项，在弹出的对话框中选择“Static Forecast”，同时，需要设定预测区间。

1. 若 $\{z_t\},t=(1,2,\cdots,n)$ 适合 MA(q) 模型，则 $\hat{z}_n(q+1)=$ ____________ 。

2. 最小均方误预测是指 $(Z_{n+l}-Z_n(l))^2$ 达到最小，如何解释？

3. ARMA(p,q)可以被转化为 AR(∞)或 MA(∞)模型，是否正确？

4. MA（2）模型最远只能预测________期。

5. 将 $z_t = a_t - 0.3a_{t-1} + 0.5a_{t-2}$ 转化成 AR 模型后，求 AR 模型的系数。

6. 最小均方误预测同条件期望均值预测结果是一致的，为什么？

7. 模拟 $\varphi_1 = 1.5$，$\varphi_2 = -0.75$，$\mu = 100$ 的 AR(2)过程，模拟 52 个值，将最后的 12 个值搁置起来，以对预测值与真实值进行比较。

（1）使用序列前 40 个值求 φ, μ 的估计值。

（2）使用所估计的模型预测序列接下来的 12 个值，并画出带着 12 个预测值的序列，在估计的序列均值上画一条水平线。

（3）将 12 个预测值与所留出的真实值进行比较。

（4）画出预测及其 95%的预测区间，判断真实值是否落入预测区间。

8. 对于 AR(1)模型：$X_t - \mu = \varphi_1(X_{t-1} - \mu) + a_t$，根据 t 个历史观测值数据（$\cdots$，10.1，9.6），已经求出相应的参数估计 $\hat{\mu} = 10, \hat{\varphi}_1 = 0.3, \hat{\sigma}^2 = 9$，求以下项目。

（1）X_{t+3} 的 95%的置信区间。

（2）假定重新获得观测值数据 $X_{t+1} = 10.5$，使用更新数据求 X_{t+3} 的 95%的置信区间。

9. 对于一个 ARMA(1,2)模型：$X_t = 0.5X_{t-1} + a_t - 0.3a_{t-1} + 0.5a_{t-2}$，其中，$\sigma^2 = 0.04$。

（1）给定 $X_{48} = 130$，计算并画出预测值 $\hat{X}_{48}(l), l = (1,2,\cdots,5)$。

（2）计算 95%的置信区间，并将区间加在途中预测值的两侧。

自学自测　扫描此码

第 6 章

非平稳时间序列分析

6.1 非平稳序列的识别

单变量时间序列建模的前提条件要求序列是平稳状态，而在多变量时间序列建模时，针对平稳性不同的序列，建模方法是不同的，因此，检测、识别序列平稳性是时间序列建模的前提条件。

根据平稳时间序列的定义，平稳时间序列需要满足的条件是：均值是常数，且自协方差只与时间间隔有关而与时间起点无关。不满足第一个条件的序列可以通过对数据处理变得平稳，而不满足第二个条件则无法通过对序列的处理得到平稳序列。因此，本章讲述均值非平稳的类型、识别及平稳化方法。

6.1.1 非平稳序列的类型

当时间序列的均值不是常数时，序列是非平稳的，从其图形上看，没有一条横线能贯穿数据，时间序列的均值非平稳主要有两种类型：确定趋势时间序列和随机趋势时间序列。确定趋势时间序列基本上沿着确定轨迹运动，呈直线趋势或曲线趋势。这类时间序列适应的模型可通过与时间 t 的回归而得到，不需要建立 ARMA 模型描述序列变动特征。例如，这类序列适合的模型有以下几种。

（1）直线趋势：$z_t = a + bt$。

（2）二次抛物线：$z_t = a + bt + ct^2$。

（3）指数曲线：$z_t = ab^t$。

随机趋势时间序列变动没有确定趋势，呈杂乱运行态势。这种随机趋势时间序列通过统计处理后可以变为平稳时间序列，然后可被用于建立时间序列模型。

6.1.2 非平稳序列的识别

识别均值非平稳的方法主要有三种，即图示法、ACF 及 PACF 法、单位根检验法。

1. 图示法

通过绘制时间序列图形方法可以识别数据的平稳性。平稳的均值特征是有一条横线能贯穿数据，表示数据分布的中心，所有数据围绕中心线上下波动。因此，识别序列平稳性需要找到一条贯穿数据的横线。

例 6.1.1 造纸过程入口开关调节器原始数据图见图 6.1.1。

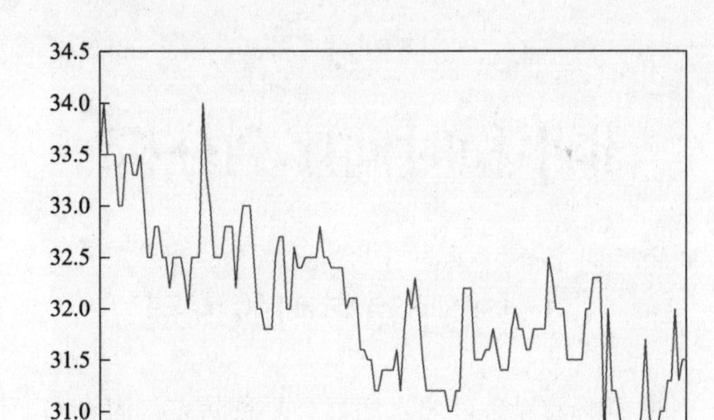

图 6.1.1 造纸过程入口开关调节器原始数据

从图 6.1.1 中可以发现，无法找到一条能贯穿所有数据的横线，数据整体是在波动中下降的，故可初步判定数据是非平稳的。

2. ACF、PACF 法

平稳数据的 ACF、PACF 值会显示出拖尾、截尾的性质，而非平稳数据的这两个函数却没有这样的特征。非平稳时间序列的 ACF、PACF 显示出很明显的特征，表现为 ACF 值很大，不衰减，而 PACF 值在第一期值很大，后面值几乎为 0。图 6.1.2 是造纸过程入口开关调节器数据的 ACF 及 PACF 值。

Autocorrelation	Partial Correlation		AC	PAC	Q-Stat	Prob
		1	0.866	0.866	122.18	0.000
		2	0.778	0.115	221.54	0.000
		3	0.699	0.015	302.31	0.000
		4	0.652	0.098	373.01	0.000
		5	0.606	0.022	434.51	0.000
		6	0.598	0.148	494.74	0.000
		7	0.576	0.009	550.89	0.000
		8	0.540	-0.045	600.61	0.000
		9	0.486	-0.075	641.09	0.000
		10	0.467	0.096	678.81	0.000
		11	0.424	-0.072	710.04	0.000
		12	0.423	0.120	741.43	0.000

图 6.1.2 造纸过程入口开关调节器数据的 ACF、PACF 值

3. 单位根检验法

单位根检验方法是最常用到的数据平稳性检验方法，通过建立模型及借助检验统计量可以检验数据的平稳性。图 6.1.3 是造纸过程入口开关调节器数据的单位根检验结果。从检验结果看，检验统计量的 p 值为 0.395 2，接受原假设，数据是有单位根的。

Null Hypothesis: X has a unit root
Exogenous: None
Lag Length: 1 (Automatic - based on SIC, maxlag=13)

		t-Statistic	Prob.*
Augmented Dickey-Fuller test statistic		−0.738517	0.3952
Test critical values:	1% level	−2.579680	
	5% level	−1.942856	
	10% level	−1.615368	

*MacKinnon (1996) one-sided p-values.

图 6.1.3　造纸过程入口开关调节器数据单位根检验结果

6.2　非平稳时间序列的平稳化

单变量平稳时间序列建模理论是针对平稳时间序列而言的，实际中见到的时间序列绝大多数是非平稳的，将非平稳时间序列转化为平稳时间序列是建模的前提条件。假定

$$z_t = u_t + y_t \quad (6.2.1)$$

其中，u_t 是平稳序列部分；y_t 非平稳部分，是随时间变化的。平稳化的思路有两种，一种是直接法，如果能知道 y_t 的数学表达式，那么从 Z_t 中将 y_t 减掉就可得到平稳部分 u_t；另一种是间接法，一般来讲，得到序列非平稳特征部分 y_t 几乎是不可能的，所以，人们多数采取间接方法对 Z_t 进行处理，这里用到的就是差分方法。

6.2.1　差分

差分是指序列的当期值减去前一期值的运算过程，用 ∇ 表示，设序列{ z_t }，则一次差分和二次差分分别为式（6.2.2）和式（6.2.3）。

$$\Delta z_t = z_t - z_{t-1} = (1-B)z_t \quad (6.2.2)$$

$$\Delta^2 z_t = (z_t - z_{t-1}) - (z_{t-1} - z_{t-2}) = (1-B)^2 z_t \quad (6.2.3)$$

差分使序列平稳的原因在于，当序列具有线性或二次抛物线趋势时，可用差分消除趋势而使序列平稳化。例如，假定序列有线性趋势，如式（6.2.4）所示。

$$z_t = a + bt \quad (6.2.4)$$

对序列进行差分后，可将线性时间趋势消除而余下常数，见式（6.2.5）。因此，可以通过差分方法将非平稳序列中的随机趋势消除，得到能有一条横线贯穿数据的平稳序列。

$$z_t - z_{t-1} = (a+bt) - (a+b(t-1)) = b \quad (6.2.5)$$

若一次差分后序列仍未平稳，那么还可进行二次或二次以上差分，这是因为序列中含有非线性因素，一次差分消除非线性因素而得到随机趋势，二次差分后再消除随机趋势，具体情况为

$$z_t = a + bt + ct^2 \quad (6.2.6)$$

则

$$\nabla z_t = z_t - z_{t-1} = (a+bt+ct^2) - (a+b(t-1)+c(t-1)^2) = b + c(2t-1) \quad (6.2.7)$$

$$\nabla^2 z_t = (z_t - z_{t-1}) - (z_{t-1} - z_{t-2}) = c(2t-1-2(t-1)+1) = 2c \qquad (6.2.8)$$

例 6.2.1 造纸过程入口开关调节器的观察值的平稳化过程。

从上一节的例子可以知道，造纸过程入口开关调节器数据是非平稳的。经过一次差分后数据图、ACF 及 PACF 值、单位根检验结果分别见图 6.2.1、图 6.2.2、图 6.2.3，分别与图 6.1.1、图 6.1.2、图 6.1.3 相比可以发现序列已经平稳，而且能显示出平稳及非平稳数据在图形、ACF 及 PACF 值、单位根检验中的差异。

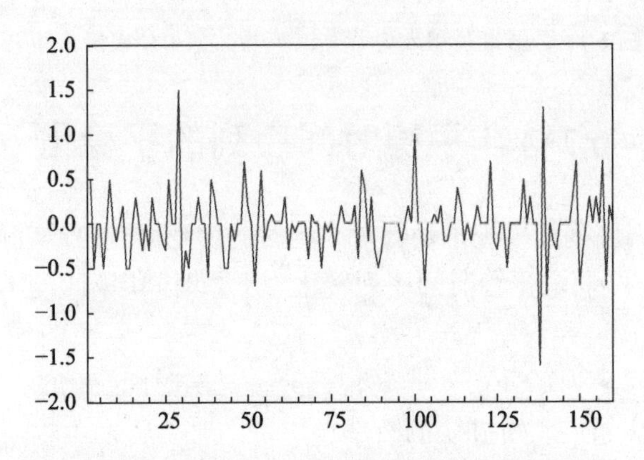

图 6.2.1 造纸过程入口开关调节器数据差分后的结果

Autocorrelation	Partial Correlation		AC	PAC	Q-Stat	Prob
		1	−0.584	−0.584	54.974	0.000
		2	0.131	−0.319	57.760	0.000
		3	−0.082	−0.283	58.853	0.000
		4	0.083	−0.152	59.975	0.000
		5	−0.116	−0.237	62.192	0.000
		6	0.079	−0.213	63.233	0.000
		7	−0.029	−0.202	63.378	0.000
		8	0.107	−0.006	65.322	0.000
		9	−0.188	−0.168	71.302	0.000
		10	0.217	0.034	79.339	0.000
		11	−0.195	−0.062	85.846	0.000
		12	0.049	−0.180	86.264	0.000

图 6.2.2 差分后数据 ACF、PACF 值

Null Hypothesis: X2 has a unit root
Exogenous: None
Lag Length: 6 (Automatic - based on SIC, maxlag=13)

		t-Statistic	Prob.*
Augmented Dickey-Fuller test statistic		−9.699601	0.0000
Test critical values:	1% level	−2.580366	
	5% level	−1.942952	
	10% level	−1.615307	

*MacKinnon (1996) one-sided p-values.

图 6.2.3 差分后数据单位根检验结果

6.2.2　季节差分

当序列是季节时间序列时，那么将其平稳化则需要季节差分。所谓季节差分就是序列当期值与其上一个周期的同周期点序列值相减，设 s 为序列周期，即

$$\nabla_s z_t = z_t - z_{t-s} = (1 - B^s) z_t \tag{6.2.9}$$

季节时间序列呈现周期长度固定的周期波动特征，在不同周期的同一周期点序列值接近，它是非平稳序列，一般的差分方法无法消除其季节性，需要使用季节差分方法将其平稳化。序列值与上一个周期的相同周期点序列值接近，二者相减后可以得到它们的增量，所有序列值的增量是接近的，因此，会得到平稳序列。

例 6.2.2　国际航运旅客人数见图 6.2.4，其 ACF、PACF 值见图 6.2.5，单位根检验结果见图 6.2.6。

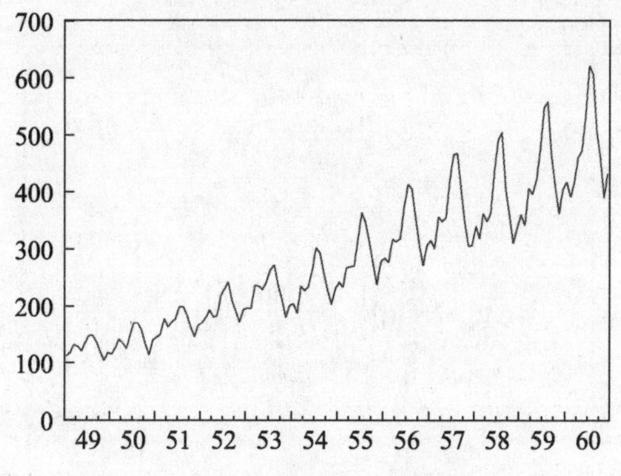

图 6.2.4　国际航运旅客人数

Autocorrelation	Partial Correlation		AC	PAC	Q-Stat	Prob
		1	0.948	0.948	132.06	0.000
		2	0.875	−0.232	245.34	0.000
		3	0.804	0.027	341.75	0.000
		4	0.749	0.105	426.03	0.000
		5	0.710	0.074	502.29	0.000
		6	0.678	−0.000	572.22	0.000
		7	0.659	0.134	638.83	0.000
		8	0.651	0.086	704.44	0.000
		9	0.668	0.245	773.97	0.000
		10	0.702	0.165	851.20	0.000
		11	0.743	0.161	938.42	0.000
		12	0.760	−0.138	1030.4	0.000
		13	0.712	−0.532	1111.8	0.000
		14	0.645	−0.033	1179.1	0.000
		15	0.583	0.082	1234.5	0.000
		16	0.534	0.032	1281.4	0.000
		17	0.496	0.034	1322.0	0.000
		18	0.464	0.079	1358.0	0.000
		19	0.446	0.054	1391.5	0.000
		20	0.438	−0.057	1423.9	0.000
		21	0.454	0.044	1459.2	0.000
		22	0.481	−0.098	1499.1	0.000
		23	0.517	0.053	1545.5	0.000
		24	0.531	0.041	1595.0	0.000
		25	0.493	0.149	1638.0	0.000
		26	0.437	−0.039	1672.0	0.000
		27	0.386	0.073	1698.7	0.000
		28	0.345	−0.016	1720.2	0.000
		29	0.311	0.024	1737.9	0.000
		30	0.284	0.012	1752.8	0.000
		31	0.266	−0.025	1766.0	0.000
		32	0.260	0.005	1778.7	0.000
		33	0.274	−0.027	1792.9	0.000
		34	0.297	−0.032	1809.8	0.000
		35	0.325	−0.030	1830.1	0.000

图 6.2.5　国际航运旅客人数 ACF、PACF 值

Null Hypothesis: X has a unit root
Exogenous: Constant
Lag Length: 13 (Automatic - based on SIC, maxlag=13)

		t-Statistic	Prob.*
Augmented Dickey-Fuller test statistic		0.887476	0.9951
Test critical values:	1% level	−3.481217	
	5% level	−2.883753	
	10% level	−2.578694	

*MacKinnon (1996) one-sided p-values.

图 6.2.6 国际航运旅客人数单位根检验结果

显然，国际航运旅客人数序列是非平稳数据。经过季节差分和差分后的数据图、ACF 及 PACF、单位根检验结果分别见图 6.2.7、图 6.2.8、图 6.2.9。可以看出，经过处理后的数据平稳了。

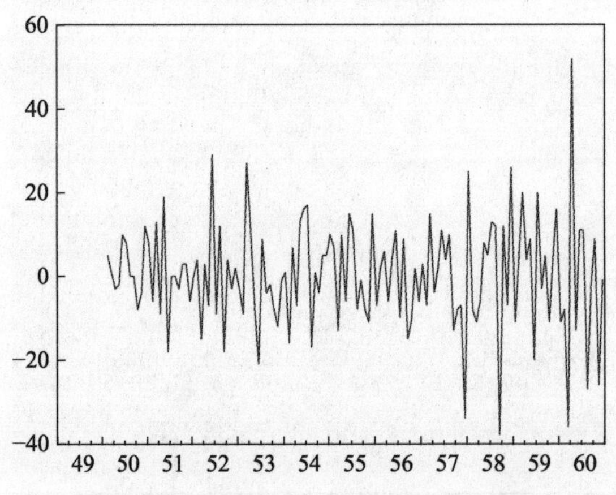

图 6.2.7 国际航运旅客人数差分数据

Autocorrelation	Partial Correlation		AC	PAC	Q-Stat	Prob
		1	−0.345	−0.345	15.937	0.000
		2	0.087	−0.036	16.968	0.000
		3	−0.120	−0.115	18.931	0.000
		4	−0.040	−0.134	19.153	0.001
		5	0.100	0.050	20.535	0.001
		6	−0.064	−0.026	21.112	0.002
		7	−0.004	−0.062	21.114	0.004
		8	−0.145	−0.180	24.090	0.002
		9	0.216	0.130	30.747	0.000
		10	−0.139	−0.055	33.520	0.000
		11	0.082	−0.021	34.496	0.000
		12	−0.121	−0.092	36.624	0.000
		13	0.080	0.045	37.569	0.000
		14	0.079	0.085	38.488	0.000
		15	−0.084	−0.049	39.553	0.001
		16	−0.004	−0.068	39.556	0.001
		17	−0.055	−0.002	40.015	0.001
		18	0.075	−0.000	40.886	0.002
		19	−0.085	−0.093	42.011	0.002
		20	−0.100	−0.227	43.582	0.002

图 6.2.8 国际航运旅客人数差分 ACF、PACF 值

Null Hypothesis: X2 has a unit root
Exogenous: None
Lag Length: 6 (Automatic - based on SIC, maxlag=13)

		t-Statistic	Prob.*
Augmented Dickey-Fuller test statistic		−9.699601	0.0000
Test critical values:	1% level	−2.580366	
	5% level	−1.942952	
	10% level	−1.615307	

*MacKinnon (1996) one-sided p-values.

图 6.2.9　国际航运旅客人数差分单位根检验结果

6.2.3　对数变换和差分的运算结合

若序列呈指数趋势而非随机趋势波动态势，那么通过一般的差分，趋势是无法被消除的，此时，需要先对数据取对数，将其转化为线性趋势，再通过差分消除线性趋势，具体过程类似如下。

$$z_t = ab^t$$

取对数为

$$\lg z_t = \lg a + t \lg b$$

差分后为

$$\lg z_t - \lg z_{t-1} = \lg b$$

当数据有非线性趋势时，可以考虑先对其取对数、转化为线性趋势后再进行平稳化处理。

例 6.2.3　1950—2005 年我国进出口贸易总额数据见图 6.2.10，其 ACF、PACF 值见图 6.2.11，单位根检验结果见图 6.2.12。

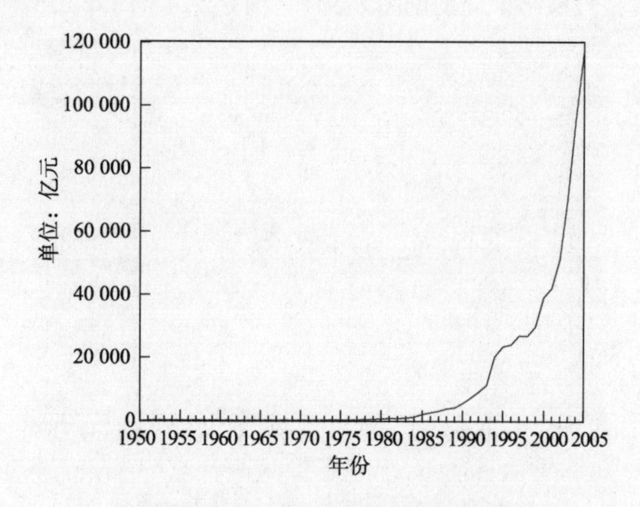

图 6.2.10　我国进出口贸易总额数据

Autocorrelation	Partial correlation		AC	PAC	Q-Stat	Prob
		1	0.789	0.789	36.784	0.000
		2	0.608	−0.039	59.043	0.000
		3	0.486	0.046	73.499	0.000
		4	0.410	0.056	84.008	0.000
		5	0.353	0.020	91.941	0.000
		6	0.293	−0.017	97.534	0.000
		7	0.258	0.045	101.95	0.000
		8	0.228	0.003	105.46	0.000
		9	0.188	−0.027	107.90	0.000
		10	0.148	−0.016	109.45	0.000
		11	0.098	−0.052	110.14	0.000
		12	0.048	−0.043	110.32	0.000
		13	0.025	0.021	110.36	0.000
		14	0.004	−0.021	110.36	0.000
		15	−0.013	−0.011	110.37	0.000
		16	−0.026	−0.004	110.43	0.000
		17	−0.036	−0.007	110.54	0.000
		18	−0.047	−0.016	110.72	0.000
		19	−0.056	−0.004	111.00	0.000
		20	−0.065	−0.012	111.38	0.000

图 6.2.11 我国进出口贸易总额数据 ACF、PACF 值

Null Hypothesis: X has a unit root
Exogenous: Constant
Lag Length: 10 (Automatic - based on SIC, maxlag=10)

		t-Statistic	Prob.*
Augmented Dickey-Fuller test statistic		0.913624	0.9948
Test critical values:	1% level	−3.584743	
	5% level	−2.928142	
	10% level	−2.602225	

*MacKinnon (1996) one-sided p-values.

图 6.2.12 我国进出口贸易总额数据单位根检验结果

显然，我国进出口贸易总额数据是非平稳数据。经过取对数和差分后数据图、ACF 及 PACF 值、单位根检验结果分别见图 6.2.13、图 6.2.14、图 6.2.15。

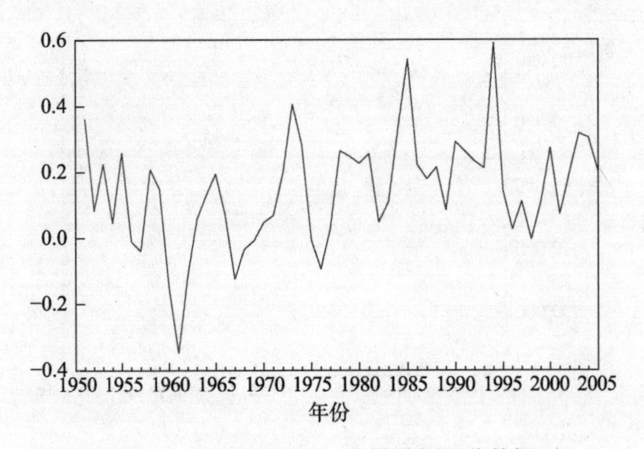

图 6.2.13 我国进出口贸易总额差分数据

Autocorrelation	Partial Correlation		AC	PAC	Q-Stat	Prob
		1	0.438	0.438	11.121	0.001
		2	0.069	−0.151	11.406	0.003
		3	−0.016	0.020	11.421	0.010
		4	0.048	0.074	11.562	0.021
		5	0.111	0.067	12.328	0.031
		6	0.247	0.213	16.225	0.013
		7	0.242	0.067	20.049	0.005
		8	0.137	0.021	21.297	0.006
		9	0.155	0.154	22.928	0.006
		10	0.055	−0.097	23.138	0.010
		11	−0.059	−0.089	23.387	0.016
		12	−0.060	−0.046	23.652	0.023
		13	−0.000	−0.053	23.652	0.034
		14	0.074	0.046	24.072	0.045
		15	0.130	0.036	25.394	0.045
		16	−0.049	−0.204	25.583	0.060
		17	−0.223	−0.117	29.671	0.029
		18	−0.194	−0.036	32.866	0.017
		19	−0.021	0.081	32.906	0.025
		20	0.066	0.063	33.300	0.031

图 6.2.14　我国进出口贸易总额差分 ACF、PACF

Null Hypothesis: X2 has a unit root
Exogenous: None
Lag Length: 0(Automatic-based on SIC, maxlag=10)

		t-Statistic	Prob.*
Augmented Dickey-Fuller test statistic		−3.354412	0.0012
Test critical values:	1% level	−2.608490	
	5% level	−1.946996	
	10% level	−1.612934	

*MacKinnon (1996) one-sided p-values.

图 6.2.15　我国进出口贸易总额数据差分单位根检验结果

显然，取对数再差分后数据图形已消除对数趋势，而 ACF、PACF 值及单位根检验结果显示数据已经平稳了。

6.3　ARIMA 模型

对非平稳序列 $\{z_t\}$ 而言，经过 d 阶差分后，它适合的模型为 ARMA(p,q)模型，即

$$\varphi_p(B)(\nabla^d)z_t = \theta_q(B)a_t \tag{6.3.1}$$

其中，

$$\varphi_p(B) = 1 - \varphi_1 B - \cdots - \varphi_p B^p$$

$$\theta_q(B) = 1 - \theta_1 B - \cdots - \theta_q B^q$$

则称该模型为自回归求和滑动平均模型。

1. 令 $Y_t = e_t - e_{t-12}$，证明：$\{Y_t\}$ 平稳并且 $k>0$ 时，其自相关函数只在 $k=12$ 时非零。

2. 非平稳时间序列的 ACF 拖尾，PACF 一步后截尾（　　）。

3. 对季节时间序列 z_t 有，$\nabla_s z_t = z_t - z_{t-s}$（　　）。

4. $\Delta_c^a X_t =$__________。

5. 差分是将非平稳序列平稳化的方法，它针对的是哪种非平稳序列，为什么？

6. 对下列 ARIMA 模型，求 $E(\nabla Y_t)$ 和 $\mathrm{var}(\nabla Y_t)$。

（1）$Y_t = 3 + Y_{t-1} + a_t - 0.75a_{t-1}$。

（2）$Y_t = 10 + 1.25Y_{t-1} - 0.25Y_{t-2} + a_t - 0.1a_{t-1}$。

（3）$Y_t = 5 + 2Y_{t-1} - 1.7Y_{t-2} + 0.7Y_{t-3} + a_t - 0.5a_{t-1} + 0.25a_{t-2}$。

7. 假设 $\{Y_t\}$ 满足：$Y_t = (a_t + ca_{t-1} + ca_{t-2} + ca_{t-3} + \ldots + ca_0), t > 0$。

（1）求 $\{Y_t\}$ 的均值和协方差函数，并验证 $\{Y_t\}$ 是否平稳？

（2）求 $\{\nabla Y_t\}$ 的均值和协方差函数，并验证 $\{\nabla Y_t\}$ 是否平稳？

（3）给出 $\{Y_t\}$ 具体的 ARIMA 模型形式。

自学自测　　扫描此码

第 7 章

季节时间序列分析

季节性是许多时间序列可能呈现的特征，之所以称它们为季节时间序列是因为它们的变化呈现出与季节的相关性，而四季更替是有规律的，所以，这类序列往往呈现出规律性变动的特征。经济领域中，一些生产、销售活动往往与季节有关，所以测度生产、销售活动的时间序列往往可以发现明显的季节性特征。

7.1 随机季节模型

7.1.1 季节时间序列

若某个序列经过 s 个时间间隔后呈现出相似的特征，则可称该序列为季节时间序列，周期为 s。它的特征是每个周期相同时点上的值接近，而同一个周期内不同时点的值则差异较大；周期长度固定；周期与周期的绝对值可能有差异。第 1 章的季节性分析就是对季节时间序列计算季节指数，而本章则将对其进行建模分析。

按周期重新排列季节时间序列，列一个矩阵式二维表，将每一周期内相同周期点的值列在同一列上，见表 7.1.1。季节时间序列的特征在表 7.1.1 中显示得比较清楚，序列的周期为 s，经过 s 个时间点后，序列又重复之前的变动规律；在相同周期点，例如，第一个周期点 X_1、X_{s+1}、…、$X_{(n-1)s+1}$，由于受相同季节作用，它们的数值会比较接近，但可能会随时间呈现趋势性，X_1、X_{s+1}、…、$X_{(n-1)s+1}$ 可能会有逐渐增大态势。

表 7.1.1 季节时间序列构成

周期	周期点					
	1	2	3	4	…	s
1	X_1	X_2	X_3	X_4	…	X_s
2	X_{s+1}	X_{s+2}	X_{s+3}	X_{s+4}	…	X_{2s}
⋮						
n	$X_{(n-1)s+1}$	$X_{(n-1)s+2}$	$X_{(n-1)s+3}$	$X_{(n-1)s+4}$	…	X_{ns}

本章内容旨在构建模型以描述季节时间序列变动的规律，这类序列与一般时间序列一样会受到以前序列值及随机因素的影响，同时，同一周期点序列值间也会有相关性，例如，季节性商品的生产、销售会受到去年同季生产、销售的影响。

7.1.2 随机季节模型形式

随机季节模型是对季节时间序列中不同周期的同一周期点之间的相关性的拟合。设季节时间序列周期为$W_t=\varphi_1 W_{t-s}+e_t s$，描述的是$X_t$、$X_{t\text{-}s}$、$X_{t-2s}\cdots$间的相关性。它们可能适合三类模型中的任何一种，前提条件是序列平稳。若序列不平稳则需要进行季节差分。一次季节差分表示为

$$\nabla_s X_t = X_t - X_{t-s} = (1-B^s)X_t \tag{7.1.1}$$

D 次季节差分为

$$\nabla_s^D X_t = (1-B^s)^D X_t \tag{7.1.2}$$

设$\nabla_s^D X_t = W_t$，则$\nabla_s^D X_{t\text{-}s} = W_{t-s}$，若$W_t$适合 AR(1)，则模型形式为

$$W_t = \varphi_1 W_{t-s} + e_t \tag{7.1.3}$$

以 D=1 为例，

$$X_t - X_{t-s} = \varphi_1(X_{t-s} - X_{t-2s}) + e_t \tag{7.1.4}$$

式（7.1.3）和式（7.1.4）显示，模型拟合的是不同周期的同一个周期点之间的关系，表示相同季节点的相关性。例如，在农作物种植量、产品生产量的决策中，人们总会参考往年数据，这就体现了同季节的相关性。

若W_t适合 MA(1)，那么模型形式为

$$W_t = e_t - \theta_1 e_{t-s} \tag{7.1.5}$$

与 MA 模型类似，式（7.1.5）表示序列值与当期及去年同期随机因素有关。

若W_t适合 ARMA(1,1)，那么模型形式为

$$U(B^s)W_t = V(B^s)e_t \tag{7.1.6}$$

随机季节模型可以将不同周期上的同一周期点之间的关系表示出来，但是，它不能反映同一周期内不同周期点之间的关系。

7.2 乘积季节模型

7.2.1 乘积季节模型的形式

随机季节模型表示不同周期下同一周期点对序列值的影响，但它没有考虑同一周期内以前序列值对当前序列值的影响，因此，它需要在随机季节模型基础上得到进一步完善。

随机季节模型使用的都是e_t，而不是a_t，e_t表示除不同周期的同一周期点对序列值影响外的其他因素。e_t既可能是平稳的，也可能是非平稳的，不妨设一般情况，设e_t适合 ARIMA(p,d,q)，即

$$\phi_p(B)\nabla^d e_t = \theta_q(B)a_t \tag{7.2.1}$$

若$W_t=(1-B^s)^D X_t$适合式（7.1.6），而e_t又适合式（7.2.1），在式（7.1.6）两边同乘$\phi_p(B)\nabla^d$，得

$$\phi_p(B)U(B^s)\nabla^d W_t = V(B^s)\varphi_p(B)\nabla^d e_t \tag{7.2.2}$$

$$\phi_p(B)U(B^s)\nabla^d W_t = V(B^s)\theta_q(B)a_t \tag{7.2.3}$$

$$\phi_p(B)U(B^s)\nabla^d\nabla_s^D X_t = V(B^s)\theta_q(B)a_t \qquad (7.2.4)$$

式（7.2.4）是随机季节模型与 ARIMA 模型的乘积，因此，其被称为乘积季节模型。乘积季节模型既描述了以前周期的同一周期点对序列值的影响，也描述了同一周期前面序列值对序列值的影响，能完整描述影响序列值的因素。方程式（7.2.4）中，$\nabla^d\nabla_s^D X_t$ 表示对序列 X_t 进行季节差分及一般差分使其平稳，$\varphi_p(B)$ 表示前期序列值影响系数，$U(B^s)$ 表示前期同一周期点的影响系数，$V(B^s)$、$\theta_q(B)$ 分别表示前期同一周期点及前期的随机因素影响系数。

7.2.2　常见的乘积季节模型

本节将根据实际序列的变动特征给出常见的乘积季节模型，为实际数据建模奠定基础。

1. $(1-B)(1-B^{12})X_t = (1-\theta_1 B)(1-\theta_{12}B^{12})a_t$

它是由两个模型组成的，式（7.2.5）是随机季节模型，式（7.2.6）是 ARIMA 模型。

$$(1-B^{12})X_t = (1-\theta_{12}B^{12})e_t \qquad (7.2.5)$$

$$(1-B)e_t = (1-\theta_1 B)a_t \qquad (7.2.6)$$

在式（7.2.5）两端同乘（1–B）得

$$(1-B)(1-B^{12})X_t = (1-\theta_1 B)(1-\theta_{12}B^{12})a_t \qquad (7.2.7)$$

式（7.2.7）展开为

$$(X_t - X_{t-12}) - (X_{t-1} - X_{t-13}) = a_t - \theta_1 a_{t-1} - \theta_{12}a_{t-12} - \theta_1\theta_{12}a_{t-13} \qquad (7.2.8)$$

该模型最早用于国际航空旅客人数拟合，在通过季节差分、一般差分将数据平稳后，航空旅客数与上一年的同月、前一月及本年上月随机因素有关。平稳后的序列值适合的是 MA 模型，所以，序列值的 ACF 值截尾，PACF 值拖尾，且 ACF 值在 k={1,12,13}值比较大。

2. $(1-B^{12})X_t = (1-\theta_1 B)(1-\theta_{12}B^{12})a_t$

它是由两个模型组成的。

$$(1-B^{12})X_t = (1-\theta_{12}B^{12})e_t \qquad (7.2.9)$$

$$e_t = (1-\theta_1 B)a_t \qquad (7.2.10)$$

将式（7.2.10）代入式（7.2.9）得

$$(1-B^{12})X_t = (1-\theta_1 B)(1-\theta_{12}B^{12})a_t \qquad (7.2.11)$$

式（7.2.11）展开为

$$X_t - X_{t-12} = a_t - \theta_1 a_{t-1} - \theta_{12}a_{t-12} - \theta_1\theta_{12}a_{t-13} \qquad (7.2.12)$$

方程式（7.2.12）显示，序列经季节差分后平稳，适合的是 MA 模型，序列值的 ACF 值截尾，PACF 值拖尾，且 ACF 值在 k={1,12,13}值比较大。

3. $(1-\phi_1 B)(1-B^{12})X_t=(1-\theta_{12}B^{12})a_t$

它是由两个模型组成的。

$$(1-B^{12})X_t=(1-\theta_{12}B^{12})e_t \tag{7.2.13}$$

e_t 是平稳的，适合 AR（1）模型，即

$$(1-\varphi_1 B)e_t=a_t \tag{7.2.14}$$

将式（7.2.13）两边同乘 $1-\varphi_1 B$ ，有

$$(1-\varphi_1 B)(1-B^{12})X_t=(1-\theta_{12}B^{12})a_t \tag{7.2.15}$$

式（7.2.15）展开为

$$(X_t-X_{t-12})-\varphi_1(X_{t-1}-X_{t-13})=a_t-\theta_{12}a_{t-12} \tag{7.2.16}$$

方程式（7.2.16）显示，序列经季节差分后平稳，适合的是 ARMA 模型，与上期序列值及去年同月随机因素有关。

7.3 季节时序模型的建立

7.3.1 建模步骤

根据前面提到的季节时间序列模型及特征可知，季节时间序列的建模步骤同其他序列基本类似，具体如下。

第一步，序列有季节特征，先进行季节差分，若仍不平稳则再进行差分，形成平稳序列。

第二步，计算差分后序列的 ACF、PACF 值，识别模型、确定模型阶数。

第三步，参数估计，并对模型进行适应性检验。

7.3.2 季节差分后序列 ACF、PACF 特征

上一节几个乘积季节模型的例子显示，在对季节差分、差分后的平稳序列建模后，适合 MA 模型的偏多，而且白噪声序列在周期长度前后值时仍然对序列值有影响，例如，对月度时间序列，其周期长度为 s=12，当白噪声序列值为 t–12、t–13 时仍然可能对序列值有影响，哪怕中间的许多期影响不存在。也就是说，季节差分后会消除序列的季节性，但季节随机因素对序列值的影响依然存在。因此，在平稳后的季节时间序列中，其 ACF 值在 k 等于周期 s 值前后取值会比较大，在模型阶数确定时不能将之忽略。

例 7.3.1 2010 年 1 月—2021 年 12 月某红酒产品销售量数据。

红酒产品销售量原始数据见图 7.3.1，显然它是非平稳的；经过季节差分的序列见图 7.3.2，经单位根检验后是平稳的，结果见图 7.3.3。

季节差分后序列的 ACF、PACF 值见图 7.3.4。经判断，其 ACF 是截尾的，PACF 是拖尾的，故可初步识别其为 MA 模型，而且，在 k=1,12 时 ACF 取值较大，而中间的值很小。

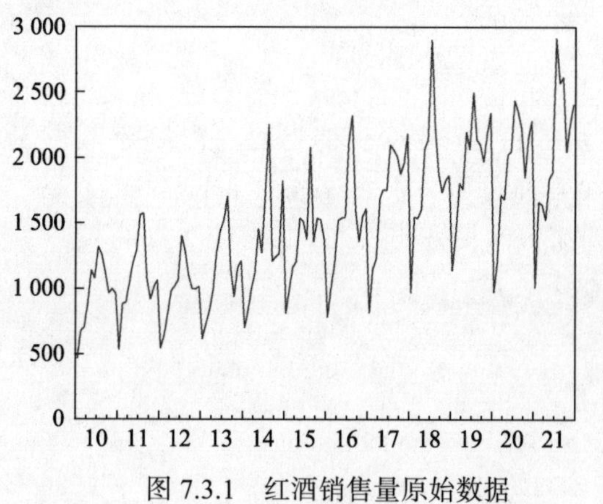

图 7.3.1　红酒销售量原始数据

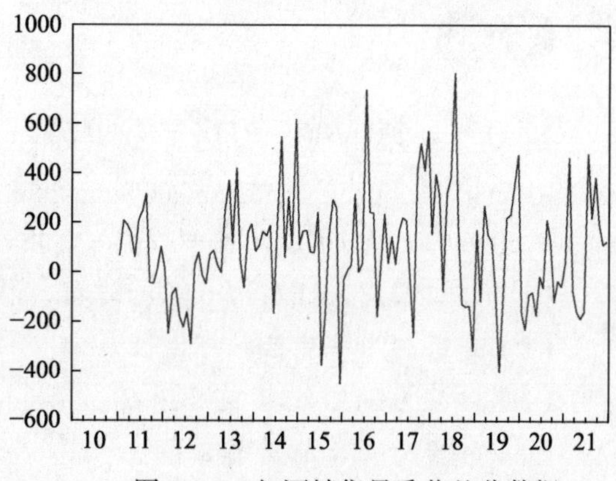

图 7.3.2　红酒销售量季节差分数据

Null Hypothesis: X1 has a unit root
Exogenous: None
Lag Length: 0 (Automatic-based on SIC, maxlag=12)

		t-Statistic	Prob.*
Augmented Dickey-Fuller test statistic		−7.240167	0.0000
Test critical values:	1% level	−2.582 734	
	5% level	−1.943 285	
	10% level	−1.615 099	

*MacKinnon (1996) one-sided p-values.

图 7.3.3　红酒销售量季节差分数据单位根检验结果

Autocorrelation	Partial Correlation		AC	PAC	Q-Stat	Prob
		1	−0.339	−0.339	15.417	0.000
		2	−0.083	−0.224	16.342	0.000
		3	−0.061	−0.204	16.852	0.001
		4	−0.158	−0.348	20.263	0.000
		5	0.219	−0.054	26.889	0.000
		6	−0.056	−0.109	27.320	0.000
		7	−0.121	−0.269	29.371	0.000
		8	0.154	−0.059	32.748	0.000
		9	−0.056	−0.060	33.199	0.000
		10	0.191	0.166	38.468	0.000
		11	−0.025	0.210	38.561	0.000
		12	−0.372	−0.212	58.850	0.000
		13	0.083	−0.221	59.878	0.000
		14	0.054	−0.133	60.309	0.000
		15	0.158	0.001	64.049	0.000
		16	−0.091	−0.244	65.293	0.000
		17	0.024	0.010	65.378	0.000
		18	−0.011	−0.024	65.397	0.000
		19	0.020	−0.064	65.459	0.000
		20	−0.002	−0.011	65.460	0.000
		21	−0.105	−0.080	67.214	0.000
		22	−0.005	−0.003	67.218	0.000
		23	0.131	0.154	69.996	0.000
		24	0.010	0.010	70.012	0.000

图 7.3.4　红酒销售量数据 ACF、PACF 值

模型拟合结果为

$$y_t = a_t - \underset{(0.074)}{0.665}\, a_{t-1} - \underset{(0.060)}{0.334}\, a_{t-12} \tag{7.3.1}$$

其中，参数下括号内是其标准差。

1. $(1-\varphi_1 B)(1-B)(1-B^4)Y_t=(1-\theta_1 B)(1-\theta_4 B^4)a_t$ 由哪两个模型组成？这个模型的ACF、PACF有何特征？请以此说明季节时间序列模型的建模过程。

2. $(1-B)(1-0.1B)X_t=(1-0.2B)a_t$，请回答以下问题。

（1）该过程为ARIMA（p,d,q）过程，找出 p,d,q。

（2）是否满足平稳性和可逆性。

（3）转换为MA(∞)后前三个 θ_i。

（4）转换为AR(∞)后前三个 ϕ_i。

3. $(1-B)(1-B^{12})Y_t=(1-\theta_1 B)(1-\theta_{12} B^{12})a_t$ 由哪两个模型组成？这个模型的 ACF、PACF有何特征？请以此说明季节时间序列模型的建模过程。

4. 某AR模型的特征多项式为：$(1-1.6x+0.7x^2)(1-0.8x^{12})$。

（1）此模型是平稳的吗？

（2）证明此模型是一个季节ARIMA模型。

5. 对于模型 $(1-\varphi_1 B)(1-B^4)X_t=(1-\theta_4 B^4)a_t$，$W_t=(1-B^4)X_t$ 的自相关函数有什么特征？

自学自测　扫描此码

第 8 章

单位根及检验

8.1　时间序列非平稳问题的提出

8.1.1　传统计量经济学面临的挑战

1926 年，挪威经济学家弗里希（Frisch）首次提出了计量经济学一词，至今已有将近百年的历史。在漫长的发展过程中，计量经济学的理论与方法日趋完善，应用也越来越广泛，已经成为经济分析不可缺少的工具。对计量经济学的研究经历了从简单到复杂、从单一方程到联立方程的进化过程，而它的应用领域则从早期的微观领域发展到了宏观领域。计量经济学建模理论与方法发生质的飞跃是从 20 世纪 70 年代后期开始的，主要表现为对非平稳时间序列建模理论与方法的突破上，标志着当代计量经济学的开始。20 世纪 70 年代以前的建模方法都假定经济时间序列是平稳的，相关的参数估计与假设检验方法都是在这一假设基础上展开的。然而，人们所见到的绝大多数经济时间序列都是非平稳的，现实的数据特征与模型假定的差距会带来许多问题，如伪回归、参数估计准确性降低等。从 20 世纪 70 年代开始，经济变量的非平稳性问题引起了计量经济学家的注意。传统计量经济学需要解决三个问题：①如何检验经济时间序列的非平稳性；②如何修正和检验传统的计量经济模型；③如何把时间序列模型引入经济计量分析领域。20 世纪 70 年代以后，计量经济学的发展正是按照解决上述问题的思路进行的。

1976 年，迪基–福勒（Dickey-Fuller）首先提出了检验时间序列非平稳性的方法——DF 检验法，又于 1979 年、1980 年对 DF 方法进行了扩展，提出了 ADF 检验法。DF 或 ADF 方法主要用来检查非平稳中最常见的单位根现象，它用定量方法及统计标准告诉人们如何识别一个时间序列的平稳性。

计量经济学家们早已认识到伪回归现象，研究结果表明，当经济时间序列非平稳时，模型可能存在伪回归，因而，由变量间的统计关系推断它们之间的因果关系就显得十分困难。为了识别在非平稳时间序列中是否真正存在因果关系，协整理论应运而生。1987 年，恩格尔和格兰杰（Engle，Granger）发表了论文《协整与误差修正，描述、估计与检验》，该论文正式提出了“协整”概念，从而把计量经济学建模理论与方法推向了一个新里程碑。

此外，当许多传统的计量经济学模型在西方 20 世纪 70 年代的经济动荡面前预测失灵时，误差修正模型（error correction model, ECM）却显示了它的稳定性和可靠性。误差修正模型是由 Daidson、Hendry、Srba 于 1978 年提出的，它将影响被解释变量的因素分为长期均衡影响和短期波动影响，是对传统的计量模型形式的一次变革。

因此，单位根—协整—误差修正模型构成了协整相关理论的核心内容，同时，它也是实证研究中应用的建模过程。

8.1.2 伪回归问题

计量经济学家们先注意到的是“伪回归”现象，在探究“伪回归”现象原因时，他们提出了单位根概念及检验方法。

在线性回归模型中，

$$y_t = \alpha + \beta x_t + \varepsilon_t \tag{8.1.1}$$

式（8.1.1）中，若β估计值的t统计量显著，从统计学角度人们会承认y_t与x_t之间存在线性关系。但是，也会存在这样的一种情形：从实际意义角度考虑，y_t与x_t之间根本不存在任何关系，但对它们进行线性回归时，所有的统计检验都能通过，这就是伪回归现象。经济学家们早已观察到这一现象，但在什么条件下会出现这种现象，以及深层的理论探讨却一直是个谜。格兰杰和纽伯尔德于 1974 年用蒙特卡罗实验方法表明，当y_t与x_t都服从单位根时，即使它们之间不存在任何线性相关关系，以y_t对x_t作回归的β的t统计量也会显著。这可以说，找到了伪回归现象产生的原因——单位根。后来，Phillips 于 1986 年第一次在理论上对这一现象进行了证明。

设$\{y_t\}$和$\{x_t\}$是样本容量为T的两个相互独立的随机游走过程，对它们进行线性回归（为方便，假定不含截距项）得

$$y_t = \beta_1 x_t + \varepsilon_t \tag{8.1.2}$$

传统计量经济学在 OLS 估计之前对ε_t做了假定，即$\varepsilon_t \sim iin(0,\sigma^2)$，然后才会推出$\hat{\beta}$服从正态分布，进而有$t$、$F$检验分布。菲利普斯于 1986 年证明，当$\{y_t\}$和$\{x_t\}$服从单位根时，上述估计值及检验的分布已经发生改变，需要应用维纳过程和泛函中心极限定理（见第 8.3 节）解释它们的分布。维纳过程和泛函中心极限定理应用于计量经济学，使计量经济学方法论发生了一次飞跃，已经成为研究单位根、协整理论的有力工具。应用维纳过程的定理，菲利普斯证明了考虑两个不相关的随机游走模型，即

$$y_t = y_{t-1} + u_t, u_t \sim \text{iin}(0,\sigma_1^2) \tag{8.1.3}$$

$$x_t = x_{t-1} + v_t, v_t \sim \text{iin}(0,\sigma_2^2) \tag{8.1.4}$$

其中，$E(u_t v_t) = 0$。

根据式（8.1.3）和式（8.1.4）生成过程，得：$y_t = \sum_{i=1}^{t} u_i$，$x_t = \sum_{i=1}^{t} v_i$。

假定$y_0 = x_0 = 0$，则

$$\varepsilon_t = y_t - \beta_1 x_t = \sum_{i=1}^{t} u_i - \beta_1 \sum_{i=1}^{t} v_i \tag{8.1.5}$$

且$\text{var}(\varepsilon_t) = t\sigma_1^2 + \beta_1^2 t\sigma_2^2$。

$$\text{cov}(\varepsilon_t,\varepsilon_{t-1})=E(\varepsilon_t,\varepsilon_{t-1})=$$

$$E\left[\left(\sum_{i=1}^{t}u_i-\beta_1\sum_{i=1}^{t}v_i)(\sum_{i=1}^{t-1}u_i-\beta_1\sum_{i=1}^{t-1}v_i\right)\right]=$$

$$(t-1)\sigma_1^2-\beta_1^2(t-1)\sigma_2^2 \tag{8.1.6}$$

可见，在 $\{y_t\}$ 和 $\{x_t\}$ 服从单位根条件且不相关条件下，残差项 $\{\varepsilon_t\}$ 的方差随时间 t 的增大而增大，其零均值已失去意义，残差项回到均值水平是不可能的；间隔为 1 的自协方差与时间取值有关。从平稳时间的定义看，$\{\varepsilon_t\}$ 显然是非平稳的，Engle-Granger 提出的协整检验方法就是从检验 $\{\varepsilon_t\}$ 的平稳性入手的。

接下来，菲利普斯于 1986 年证明，当两个没有任何联系的变量服从单位根时，t、F 检验的分布已经发生改变，需要用维纳过程和泛函中心极限定理解释它们的分布。参数估计结果为

$$\hat{\beta}_1=\frac{\sum y_t(x_t-\bar{x})}{\sum(x_t-\bar{x})^2}=\frac{(T^{-2}\sum y_t x_t)-T^{-1/2}\bar{y}(T^{-1/2}\bar{x})}{T^{-2}\sum {x_t}^2-T^{-1}\bar{x}^2} \tag{8.1.7}$$

由维纳过程可知，

$$T^{-1/2}\bar{y}\Rightarrow\delta_u\int_0^1 w_u(r)\mathrm{d}r \qquad T^{-2}\sum {x_t}^2\Rightarrow\delta_v\int_0^1[w_v(r)]^2\mathrm{d}r$$

$$T^{-1}\bar{x}^2\Rightarrow\delta_v\int_0^1 w_v(r)\mathrm{d}r \qquad T^{-2}\sum y_t x_t\Rightarrow\delta_u\delta_v\int_0^1 w_u(r)w_v(r)\mathrm{d}r$$

由此可以得出以下结论：①在理论上 β_1 应该收敛于 0，但是，在单位根情况下，它收敛于一个非退化的分布。因此，基于 β_1 的常规统计推断全部失效。对两个独立的随机游走拟合模型时，$\hat{\beta}$ 在理论上应依概率收敛于 0。但是，事实上它收敛于一个非退化的分布。这意味着不同样本会有不同的 $\hat{\beta}$，而 $\hat{\beta}$ 不会为 0。②F 检验满足：$T^{-1}F\rightarrow$ 非退化的渐进分布。③t 检验满足：$T^{-\frac{1}{2}}t\rightarrow$ 非退化的渐进分布。②和③的结论告诉人们，当 $\{y_t\}$ 和 $\{x_t\}$ 服从单位根过程时，t、F 统计量不服从常规分布，因此，通用的检验值是不能作为临界值使用的；t、F 统计量是发散的，需分别除以 $\sqrt{T}$ 和 T 才能有极限分布。因此，实际拟合时，t、F 统计量值会随 T 而发散，T 越大，t、F 统计量值越大。这样，在检验中，t、F 统计量值超过标准分布的临界值的可能性会非常大，这样就可以认为模型所表示的线性关系成立。

8.2　单位根过程

时间序列平稳性是时间序列建模方法选择的分水岭，无论是单变量、还是多变量时间序列建模问题，检验序列的平稳性是建模方法选择的前提。非平稳时间序列主要是指单位根过程，本节介绍单位根过程的含义及检验统计量。

8.2.1 随机游动过程的定义

若时间序列$\{y_t\},(t=1,2,\cdots)$为随机游动过程，则

$$y_t = y_{t-1} + \varepsilon_t, t=1,2,\cdots \tag{8.2.1}$$

其中，$\{\varepsilon_t\}$为独立同分布序列，且$E(\varepsilon_t)=0, \mathrm{Var}(\varepsilon_t)=\sigma^2<\infty$，则可称$\{y_t\}$为随机游动过程。

先考察一下随机游动过程的平稳性，按照平稳过程的定义考察其均值和自协方差是否满足平稳时间序列的定义。将随机游动过程展开为

$$\begin{aligned} y_t &= y_{t-1} + \varepsilon_t \\ &= y_{t-2} + \varepsilon_{t-1} + \varepsilon_t \\ &\vdots \\ &= y_0 + \varepsilon_1 + \varepsilon_2 + \cdots + \varepsilon_t \end{aligned} \tag{8.2.2}$$

则均值为：$E(y_t)=y_0$，方差为

$$\mathrm{Var}(y_t) = E(y_t - y_0)^2 = E(\varepsilon_1 + \varepsilon_2 + \cdots + \varepsilon_t)^2 = t\sigma^2$$

也就是说，随着时间的推移，随机游动过程的方差趋向无穷大，其均值已不再是序列分布的中心。最后，看一下随机游动过程的协方差，如式（8.2.3）所示。

$$\begin{aligned} & y_t = y_0 + \sum_{i=1}^{t} \varepsilon_i, E(y_t) = y_0 \\ & y_{t-k} = y_0 + \sum_{i=1}^{t-k} \varepsilon_i, E(y_{t-k}) = y_0 \\ & r_k = E[(y_t - Ey_t)(y_{t-k} - Ey_{-k})] = E\left(\sum_{i=1}^{t} \varepsilon_i\right)\left(\sum_{i=1}^{t-k} \varepsilon_i\right) = (t-k)\sigma^2 \end{aligned} \tag{8.2.3}$$

它的自协方差是与时间的取值有关的，显然，随机游动过程是非平稳的。另外，式（8.2.1）变形为

$$y_t - y_{t-1} = \varepsilon_t$$

随机游动过程的$\{\varepsilon_t\}$为独立同分布序列，意味着数据序列差分后是独立同分布序列，而实际经济序列很难满足这一条件，所以，单位根过程产生了，它的差分后序列是宽平稳序列。

8.2.2 单位根过程的定义

设随机过程$\{y_t,\}(t=1,2,\cdots)$，若

$$y_t = \rho y_{t-1} + u_t, t=1,2,\cdots \tag{8.2.4}$$

其中，$\rho=1$，$\{u_t\}$为稳定过程，$E(u_t)=0, \mathrm{Cov}(u_t, u_{t-s})=\mu_s<\infty, s=0,1,2$，则可称$\{y_t\}$为单位根过程。

显然，随机游动过程是单位根过程的一个特例，单位根过程中的随机扰动项$\{u_t\}$只需服从一般的稳定过程，即：$\Delta y_t = y_t - y_{t-1} = u_t$，表示对序列差分后为一平稳过程。单

位根过程的模拟数据图见图 8.2.1，与平稳时间序列图形对比，显然它是非平稳的，没有一条横线能贯穿所有数据，数据的运动态势表现为杂乱的。

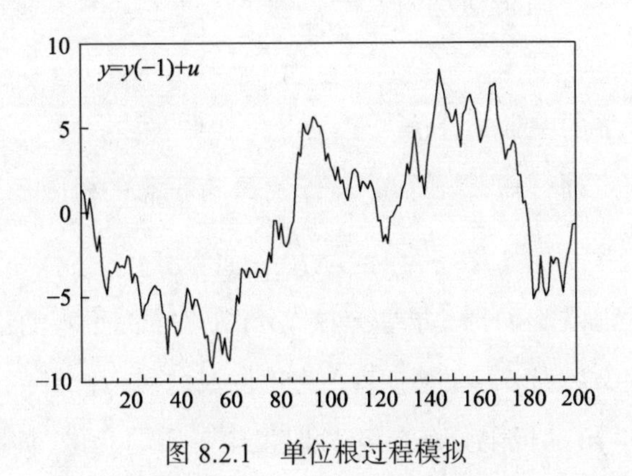

图 8.2.1　单位根过程模拟

若一个随机过程 $\{y_t\}$ 经过 d 次差分后才能变成一个平稳过程，则可以称 $\{y_t\}$ 是 d 阶单整过程，用 $y_t \sim I(d)$ 表示，即

$$\Delta^d y_t = (y_t - y_{t-1})^d$$

衡量序列的单整阶数是为后续的协整分析奠定基础，因为一般要求变量间单整阶数相同时再考虑协整检验问题。

接下来看一下单位根过程名称的由来。单位根过程的简化式为

$$(1-\rho B)y_t = u_t \tag{8.2.5}$$

其平稳性要求是 $1-\rho B=0$ 的根在单位圆外，即 $|B|>1$，则 $|\rho|<1$。在单位根条件下，当 $\rho=1$，则 $B=1$，即有“一个单位”的根，被称为单位根过程。

上述分析说明了单位根过程和平稳的 AR(1)过程的联系，ρ 的取值决定了序列的平稳性，而背后的思想是，在检验序列的平稳性时，先建立 AR 模型，然后考察 ρ 的取值，判断数据的平稳性。

8.2.3　单位根过程与稳定过程的本质区别

除了定义上的差别外，单位根过程和稳定过程事实上有本质区别。考虑一阶自回归过程，即

$$y_t = \rho y_{t-1} + \varepsilon_t \tag{8.2.6}$$

若 $\{\varepsilon_t\}$ 为独立同分布序列，且 $E(\varepsilon_t)=0, \mathrm{var}(\varepsilon_t)=\sigma^2$，则 ρ 的最小二乘估计为

$$\hat{\rho} = \frac{\sum y_{t-1}y_t}{\sum y_{t-1}^2} = \frac{\sum y_{t-1}(\rho y_{t-1}+\varepsilon_t)}{\sum y_{t-1}^2} = \rho + \frac{\sum y_{t-1}\varepsilon_t}{\sum y_{t-1}^2} \tag{8.2.7}$$

当 $|\rho|<1$，则 $\{y_t\}$ 为稳定过程。由于 $\{\varepsilon_t\}$ 为独立同分布序列，滞后变量 y_{t-1} 与 ε_t 不相关，因此，对其取期望，得

$$E(\hat{\rho}) = \rho + \frac{E\left(\sum_{t=2}^{T} y_{t-1}\varepsilon_t\right)}{E\left(\sum_{t=2}^{T} {y_{t-1}}^2\right)} = \rho \tag{8.2.8}$$

当 $T \to \infty$ 时 $\hat{\rho}$ 是 ρ 的一致估计值。

再根据中心极限定理可知，统计量 $\sqrt{T}(\hat{\rho} - \rho)$ 有正态的极限分布

$$\sqrt{T}(\hat{\rho} - \rho) \xrightarrow{d} N(0, \sigma^2(1 - \rho^2))$$

当 $\{y_t\}$ 为稳定过程，$|\rho| < 1$ 时，方差 $\sigma^2(1 - \rho^2)$ 为一个大于零的正数，此时 $\sqrt{T}(\hat{\rho} - \rho)$ 的极限分布有明确定义。当 $\rho \to 1$ 时，$\{y_t\}$ 为单位根过程，$\sigma^2(1 - \rho^2)$ 趋于零，这说明，最小二乘估计 $\sqrt{T}(\hat{\rho} - \rho)$ 的极限分布在 $\rho = 1$ 时发生了质的变化，传统的稳定过程理论和中心极限定理这时已无能为力，需要有新的理论和工具。

研究单位根过程的有力工具是维纳过程和泛函中心极限定理，正是在这些理论基础上，过去几十年在单位根过程的研究中出现了许多重要的成果，使人们能理解 $\sqrt{T}(\hat{\rho} - \rho)$ 在 $\rho = 1$ 时的极限分布。

8.2.4 单位根过程的几种形式

单位根过程有三种形式，除了模型式（8.2.4）外，另外两种形式如下。

1. 带常数项的随机游动过程

在一阶自回归过程

$$y_t = \alpha + \rho y_{t-1} + \varepsilon_t \tag{8.2.9}$$

若 $\alpha \neq 0$，$\rho = 1$，$\{\varepsilon_t\}$ 为独立同分布序列，$E(\varepsilon_t) = 0, D(\varepsilon_t) = \sigma^2$，则可以称 $\{y_t\}$ 为带常数项的随机游动过程。当随机扰动项为平稳序列时，它就是带常数项的单位根过程。

式（8.2.9）表明，带常数项的单位根过程是在前期序列值基础上每期加上常数项生成的，所以，其适合描述有趋势性的单位根过程。式（8.2.9）的展开式为

$$\begin{aligned}
y_t = {} & \alpha + y_{t-1} + \varepsilon_t = \\
& \alpha + (\alpha + y_{t-2} + \varepsilon_{t-1}) + \varepsilon_t = \\
& 2\alpha + (\alpha + y_{t-3} + \varepsilon_{t-2}) + \varepsilon_{t-1} + \varepsilon_t = \\
& \vdots \\
& \alpha t + y_0 + \varepsilon_1 + \varepsilon_2 + \cdots + \varepsilon_t = \\
& \alpha t + \sum_{i=1}^{t} \varepsilon_i (令 y_0 = 0)
\end{aligned} \tag{8.2.10}$$

式（8.2.10）显示，包括时间趋势项 αt，所以序列会显示出趋势性；同时，它包含随机扰动项合计值 $\sum \varepsilon_i$，它是单位根过程的标识。

图 8.2.2 和图 8.2.3 是模拟产生的两个带常数项的单位根过程数据图，数据在杂乱的

变动中将显示出趋势性。

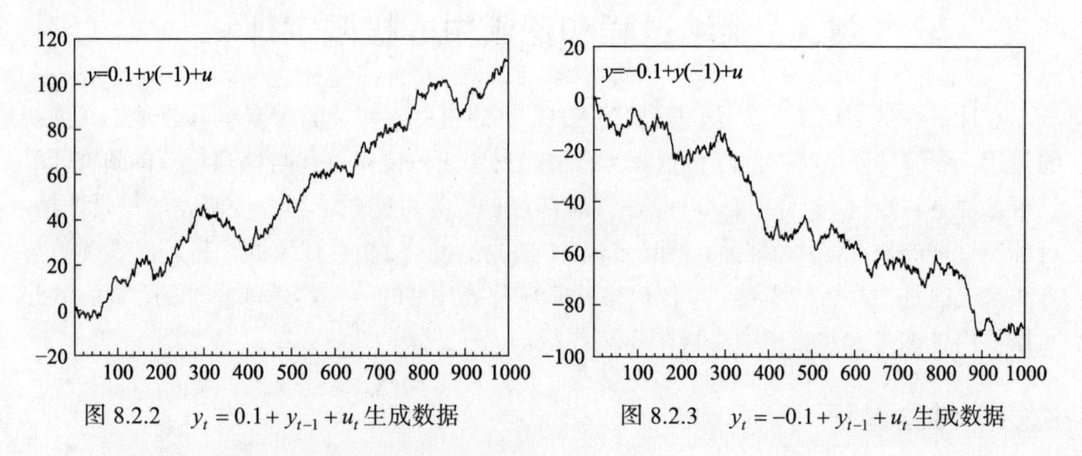

图 8.2.2　$y_t = 0.1 + y_{t-1} + u_t$ 生成数据　　图 8.2.3　$y_t = -0.1 + y_{t-1} + u_t$ 生成数据

2. 含常数项和趋势项的随机游动过程

式（8.2.11）是单位根的另一种形式

$$y_t = \mu + \alpha t + \rho y_{t-1} + \varepsilon_t \tag{8.2.11}$$

若 $\alpha \neq 0,\ \mu \neq 0,\ \rho = 1$，$\{\varepsilon_t\}$ 为独立同分布序列，$E(\varepsilon_t) = 0, D(\varepsilon_t) = \sigma^2$，则可称 $\{y_t\}$ 为带常数项、趋势项的随机游动过程。当随机扰动项为平稳序列时，它就是带常数项的单位根过程。

式（8.2.11）表明，带常数项、时间趋势项的单位根过程是在前期序列值基础上每期加常数项、时间趋势项生成的，所以，它适合描述有趋势性的单位根过程。式（8.2.11）的展开式为

$$\begin{aligned} y_t &= \mu + \alpha t + y_{t-1} + \varepsilon_t = \mu + \alpha t + (\mu + \alpha(t-1) + y_{t-2} + u_{t-1}) + \varepsilon_t = \cdots = \\ & y_0 + \mu t + \alpha(1 + 2 + \cdots + t) + \sum_{i=1}^{t} \varepsilon_i = \left(\mu + \frac{\alpha}{2}\right) t + \frac{\alpha}{2} t^2 + \sum_{i=1}^{t} \varepsilon_i \end{aligned} \tag{8.2.12}$$

式（8.2.12）显示，与式（8.2.10）不同，包括时间趋势项的一次、二次方，序列的趋势性中会包含非线性因素，显示出跳跃性；同时，它包含随机扰动项合计值 $\sum \varepsilon_i$。

图 8.2.4 是模拟产生的带常数项、时间趋势项的单位根过程数据图，它在杂乱中显示出的趋势性特征更明显。

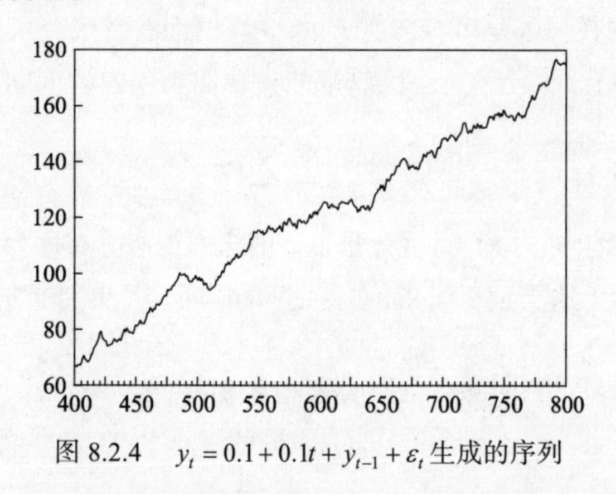

图 8.2.4　$y_t = 0.1 + 0.1t + y_{t-1} + \varepsilon_t$ 生成的序列

8.3 维纳过程和泛函中心极限定理

在计量经济学理论与方法的发展过程中，有建模思想变迁的因素也有数学工具创新的作用。维纳过程是特殊的随机过程，它被广泛用于单位根过程与协整检验的研究，单位根条件下，统计量的分布是非标准的，维纳过程成为协整理论与方法研究的重要工具。对维纳过程的研究促进了当代计量经济学方法论的发展，相对传统的计量经济学理论与方法来说这是一次质的飞越。单位根检验所涉及统计量的分布均是非标准的，它们的分布需要用维纳过程和泛函中心极限定理寻找。

8.3.1 维纳过程

标准维纳过程 $\{W(t), t\in[0,1]\}$ 是定义在区间 $[0,1]$ 上的连续变化的单变量随机过程，其满足以下条件。

（1）$W(0)=0$。

（2）对闭区间 $[0,1]$ 上任何一组有限分割 $0\leqslant t_1<t_2<\cdots<t_k=1$，相应的 $W(t_j)(j=1,2,\cdots,k)$ 的变化量 $[W(t_2)-W(t_1)],[W(t_3)-W(t_2)],\cdots,[W(t_k)-W(t_{k-1})]$ 为相互独立的随机变量。

（3）对任何 $0\leqslant s<t\leqslant 1$，有

$$W(t)-W(s)\sim N(0,t-s)$$

标准维纳过程可被看作是在[0,1]上的连续变化的随机游动。如果令 $s=t-\Delta t\geqslant 0$，则对任何 $t\in[0,1]$，有

$$\Delta W=W(t)-W(t-\Delta t)=u_t \tag{8.3.1}$$

将式（8.3.1）变形为

$$W(t)=W(t-\Delta t)+u_t \tag{8.3.2}$$

其中，$u_t\sim N(0,\Delta t)$，$W(t)$ 是间隔为 Δt 的随机游走。式（8.3.1）也可以表示

$$\Delta W=u\sqrt{\Delta t} \tag{8.3.3}$$

其中，$u\sim N(0,1)$，对于任何 Δt，ΔW 之间是相互独立的。

为了使维纳过程与经济过程相联系，假定 T 表示时间长度，将 $[0,1]$ 分成 n 个小区间，Δt 为其代表元素，则任何 $\Delta t\in[0,1]$，有 $T=n\Delta t$。因为有泛函分析的连续映照定理，在逐渐增加的区间[0,*T*]上，对任何 $t\in[0,T]$ 都能被映照到固定的区间 $[0,1]$ 上去，则

$$W(T)-W(0)=\sum_{i=1}^{n}u_i\sqrt{\Delta t} \tag{8.3.4}$$

若设 $W(0)=0$，由于 $u_i, i=(1,2,\cdots,n)$ 是独立的标准正态分布序列，因此，$E[W(T)]=0$，$\mathrm{VAR}(W(T))=n\Delta t=T$。这与随机游走的特征完全相同，因此，维纳过程被定义为在[0,1]区间上的随机游走过程。

基于标准维纳过程，一般的维纳过程可定义为

$$B(t)=\sigma W(t) \tag{8.3.5}$$

其中，$\sigma > 0$。$B(t)$ 被称为方差为 σ^2 的维纳过程。对任何 $0 \leqslant s < t \leqslant 1$，有

$$B(t) - B(s) \sim N(0, \sigma^2 (t-s)) \tag{8.3.6}$$

维纳过程 $B(t)$ 和标准维纳过程 $W(t)$ 可被看作对正态分布 $N(0,\sigma^2)$ 和标准正态分布的扩展，它们具有连续函数和正态分布的良好性质，许多有关单位根过程的极限分布可被表示为维纳过程。维纳过程是连续随机行走过程，但它的方差随着间隔 $t-s$ 的增大而趋近于无穷大，这表现为维纳过程在垂直方向上的变化异常激烈，使人们想到金融商品价格的激烈变化、经济过程受到外界影响时的波动，因此，在研究非平稳序列时，维纳过程是一个很好的工具。

8.3.2 泛函中心极限定理

中心极限定理是在概率论和数理统计中研究随机变量极限分布的一个重要工具，在以往平稳过程的研究中发挥了重要的作用，得到了许多统计量的分布，解决了计量经济学的建模问题。但是，它不适用于非稳定的时间序列过程，非平稳过程统计量的分布是非标准的，不适合于人们熟悉的分布，中心极限定理在其中也无法发挥作用。泛函中心极限定理解决了这一难题，它是对一般中心极限定理的扩展，适用于非平稳过程的极限分布。

泛函中心极限定理的表述如下。

设 $(\varepsilon_1, \varepsilon_2, \cdots, \varepsilon_r, \cdots)$ 为一列独立同分布的随机变量，对所有 $t = (1,2,\cdots)$，有 $E(\varepsilon_t) = 0$，$D(\varepsilon_t) = E(\varepsilon_t^2) = \sigma^2 < \infty$；$r$ 为闭区间[0,1]中的任一正实数。给定样本 $(\varepsilon_1, \varepsilon_2, \cdots, \varepsilon_T)$，取前 $[Tr]$ 部分样本做统计量

$$X_T(r) = \frac{1}{T} \sum_{t=1}^{[Tr]} \varepsilon_t \tag{8.3.7}$$

当 $T \to \infty$ 时，$\sqrt{T} X_T(r)$ 有极限分布

$$\sqrt{T} X_T(r) = \frac{1}{\sqrt{T}} \sum_{t=1}^{[Tr]} \varepsilon_t \Rightarrow \sigma W(r) \equiv B(r) \tag{8.3.8}$$

式中“$\Rightarrow$”表示“弱收敛于”。

泛函中心极限定理在研究诸如 $\{X_T(r)\}$ 的随机函数序列的极限分布中有重要作用，正如中心极限定理在研究随机变量序列的极限分布中的作用一样。

8.3.3 常用的单位根过程的极限分布

在推导单位根的相关统计量的极限分布时，用到了维纳过程和泛函中心极限定理，因此需要熟悉常见的单位根过程的极限分布。

设随机游动

$$y_t = y_{t-1} + \varepsilon_t \tag{8.3.9}$$

其中，$\{\varepsilon_t\}$ 为独立同分布序列，$E(\varepsilon_t) = 0$，$D(\varepsilon_t) = E(\varepsilon_t^2) = \sigma^2 < \infty$。若 $y_0 = 0$，则常见的极限分布主要分为以下几类。

（1）序列的不同次方的极限分布。

$$T^{-\frac{3}{2}}\sum_{t=1}^{T}y_{t-1}\Rightarrow\sigma\int_0^1 W(r)\mathrm{d}r \qquad T^{-2}\sum_{t=1}^{T}y_{t-1}^2\Rightarrow\sigma^2\int_0^1 W^2(r)\mathrm{d}r$$

$$T^{-3}\sum_{t=1}^{T}y_{t-1}^4\Rightarrow\sigma^4\int_0^1 W^4(r)\mathrm{d}r \qquad T^{-\frac{5}{2}}\sum_{t=1}^{T}y_{t-1}^3\Rightarrow\sigma^3\int_0^1 W^3(r)\mathrm{d}r$$

$$T^{-\frac{7}{2}}\sum_{t=1}^{T}y_{t-1}^5\Rightarrow\sigma^5\int_0^1 W^5(r)\mathrm{d}r \qquad T^{-5}\sum_{t=1}^{T}y_{t-1}^8\Rightarrow\sigma^8\int_0^1 W^8(r)\mathrm{d}r$$

$$T^{-4}\sum_{t=1}^{T}y_{t-1}^6\Rightarrow\sigma^6\int_0^1 W^6(r)\mathrm{d}r \qquad T^{-6}\sum y_{t-1}^{10}\Rightarrow\sigma^{10}\int_0^1 w(r)^{10}\mathrm{d}r$$

$$T^{-\frac{9}{2}}\sum_{t=1}^{T}y_{t-1}^7\Rightarrow\sigma^7\int_0^1 W^7(r)\mathrm{d}r \qquad T^{-\frac{11}{2}}\sum y_{t-1}^9\Rightarrow\sigma^9\int_0^1 w(r)^9\,\mathrm{d}r$$

（2）序列与随机扰动项乘积的分布。

$$T^{-1}\sum_{t=1}^{T}y_{t-1}\varepsilon_t\Rightarrow\sigma^2\int_0^1 W(r)\mathrm{d}W(r) \qquad T^{-2}\sum_{t=1}^{T}y_{t-1}^3\varepsilon_t\Rightarrow\sigma^4\int_0^1 W^3(r)\mathrm{d}W(r)$$

$$T^{-\frac{3}{2}}\sum_{t=1}^{T}y_{t-1}^2\varepsilon_t\Rightarrow\sigma^3\int_0^1 W^2(r)\mathrm{d}W(r) \qquad T^{-\frac{5}{2}}\sum_{t=1}^{T}y_{t-1}^4\varepsilon_t\Rightarrow\sigma^5\int_0^1 W^4(r)\mathrm{d}W(r)$$

$$T^{-3}\sum_{t=1}^{T}y_{t-1}^5\varepsilon_t\Rightarrow\sigma^6\int_0^1 W^5(r)\mathrm{d}W(r)$$

（3）序列与时间项乘积的分布。

$$T^{-\frac{7}{2}}\sum_{t=1}^{T}ty_{t-1}\Rightarrow\sigma\int_0^1 rW(r)\mathrm{d}r \qquad T^{-\frac{9}{2}}\sum_{t=1}^{T}t^2y_{t-1}\Rightarrow\sigma\int_0^1 r^2W(r)\mathrm{d}r$$

$$T^{-5}\sum_{t=1}^{T}t^3y_{t-1}^2\Rightarrow\sigma^2\int_0^1 r^3W^2(r)\mathrm{d}r \qquad T^{-6}\sum_{t=1}^{T}t^4y_{t-1}^2\Rightarrow\sigma^2\int_0^1 r^4W^2(r)\mathrm{d}r$$

$$T^{-\frac{13}{2}}\sum_{t=1}^{T}t^5y_{t-1}^2\Rightarrow\sigma^2\int_0^1 r^5W^2(r)\mathrm{d}r \qquad T^{-7}\sum_{t=1}^{T}t^6y_{t-1}^3\Rightarrow\sigma^3\int_0^1 r^6W^3(r)\mathrm{d}r$$

（4）序列值、随机扰动项与时间项的乘积分布。

$$T^{-\frac{5}{2}}\sum_{t=1}^{T}t\varepsilon_t y_{t-1}\Rightarrow\sigma^2\int_0^1 rW(r)\mathrm{d}W(r) \qquad T^{-3}\sum_{t=1}^{T}t^2\varepsilon_t y_{t-1}\Rightarrow\sigma^2\int_0^1 r^2W(r)\mathrm{d}W(r)$$

$$T^{-\frac{5}{2}}\sum_{t=1}^{T}t^3\varepsilon_t y_{t-1}\Rightarrow\sigma^2\int_0^1 r^3W(r)\mathrm{d}W(r)$$

（5）其他。

$$T^{-\frac{1}{2}}\sum_{t=1}^{T}\varepsilon_t\Rightarrow W(r) \qquad T^{-\frac{3}{2}}\sum_{t=1}^{T}t\varepsilon_t\Rightarrow\sigma W(1)-\sigma\int_0^1 W(r)\mathrm{d}r$$

8.4　单位根过程的假设检验

前面的建模理论显示，识别序列平稳性是单变量、多变量时间序列建模的前提，因此，时间序列数据建模前的平稳性检验是非常重要的。另外，经济时间序列数据（特别是宏观经济数据）常常呈现明显的趋势特征，但仅从图形中是无法准确判断数据是由带时间趋势的稳定过程（$y_t = a + bt + \varepsilon_t$）还是由带常数项的单位根过程产生的。一些研究表明，如果数据是由带常数项的单位根过程产生的，而同时又拟合了带时间趋势项的稳定过程，那么此时，通过对参数 a,b 做通常的 t 检验来发现模型设置的错误是不可能的，因为此时 t 统计量总会是显著的，而且其绝对值将随样本趋向无穷大，如果以此接受带时间趋势的稳定过程则是错误的。

这是由产生数据的单位根过程的不稳定性造成的，因为在单位根条件下，t 统计量的分布会发生改变。正确的方法是在检验时间趋势之前先确定时间序列中是否存在单位根，只有在单位根假设被拒绝后，对带时间趋势的稳定过程进行参数假设检验才有意义。

因此，无论图形呈现何种特征的时间序列，对其进行平稳性检验都是建模的第一步骤。本节将介绍迪基–福勒（DF）单位根检验法，先假定随机扰动过程是独立同分布，然后再将结果扩展到一般的稳定过程。迪基–福勒（DF）单位根检验法仍然基于传统的 t 检验，但是，它们的极限分布是非标准的 t 分布，这是单位根过程的重要特征。

DF 检验法是由迪基（Dickey）、富勒（Fuller）在 20 世纪七八十年代的一系列文章中建立起来的。为了理解 DF 检验法，可以先对比一下稳定过程中的参数假设检验。设 AR(1)模型为

$$y_t = \rho y_{t-1} + \varepsilon_t \tag{8.4.1}$$

对参数 ρ 做假设检验，提出假设检验：$H_0\colon \rho = \rho_0$；$H_1\colon \rho \neq \rho_0$，利用 t_T 统计量进行检验，即

$$t_T = \frac{\hat{\rho}_T - \rho_0}{\hat{\eta}_T} \sim t(T-1) \tag{8.4.2}$$

其中，$\hat{\rho}_T$ 是 ρ 的估计值；$\hat{\eta}_T$ 是 $\hat{\rho}_T$ 的标准差。当 $|t_T| < t_{\alpha/2}$，接受原假设；否则，拒绝原假设。

但是，这一传统方法不能直接用来检验假设 $H_0\colon \rho = 1$，因为在原假设成立时，最小二乘估计量 ρ_T 和统计量 t_T 都有非标准的极限分布，它们的分布需要由维纳过程和泛函中心极限定理得到，临界值需要用模拟方法得到。

DF 检验的模型为

$$y_t = \rho y_{t-1} + \varepsilon_t \tag{8.4.3}$$

提出假设检验

$$H_0\colon \rho = 1;\ H_1\colon \rho < 1$$

DF 检验中用到两个统计量：$T(\hat{\rho}_T-1)$ 和 $t_T=\dfrac{\hat{\rho}_T-1}{\hat{\eta}_T}$。

当统计量值大于临界值时，接受原假设，序列为单位根序列；否则，拒绝原假设，序列为平稳序列。

式（8.4.3）中，参数 ρ_T 和 η_T 的最小二乘估计为

$$\rho_T=\frac{\sum_{t=1}^{T}y_{t-1}y_t}{\sum_{t=1}^{T}y_{t-1}^2} \tag{8.4.4}$$

$$\hat{\eta}_T=\left(\frac{\hat{\sigma}_T^2}{\sum_{t=1}^{T}y_{t-1}^2}\right)^2=\left(\frac{\frac{1}{T-1}\sum_{t=1}^{T}(y_t-\hat{\rho}_T y_{t-1})^2}{\sum_{t=1}^{T}y_{t-1}^2}\right)^2 \tag{8.4.5}$$

利用维纳过程和泛函中心极限定理，两个检验统计量的分布为

$$T(\hat{\rho}_T-1)=\frac{T^{-1}\sum_{t=1}^{T}\varepsilon_t y_{t-1}}{T^{-2}\sum_{t=1}^{T}y_{t-1}^2}\Rightarrow\frac{\frac{1}{2}[w(1)^2-1]}{\int_0^1 w(r)^2\mathrm{d}r} \tag{8.4.6}$$

$$t(\hat{\rho}_T)=\frac{\hat{\rho}_T-1}{\eta_T}=\frac{T(\hat{\rho}_T-1)}{\hat{\sigma}_T}\left(\frac{1}{T^2}\sum_{t=1}^{T}y_{t-1}^2\right)^{\frac{1}{2}}\Rightarrow\frac{\frac{1}{2}[w(1)^2-1]}{\left(\int_0^1 w(r)^2\mathrm{d}r\right)^{\frac{1}{2}}} \tag{8.4.7}$$

显然，它们的分布不是标准分布，事实上，它们没有解析式，也就是说，不能用概率密度函数形式表示它们，这样也就不能用求积分的形式得到其临界值，反而需要用数值模拟方式得到其临界值。

8.5 蒙特卡洛模拟方法

8.5.1 蒙特卡洛模拟方法的思想

数理统计学研究的重心之一就是推导统计量的分布函数。若随机变量 $\{X_t\}$ 是正态分布，则与其有关的样本统计量的分布将较容易获得，而且是数理统计学的基础内容。若随机变量 $\{X_t\}$ 是非线性的动态过程，那么得到与其相关的样本统计量的临界值是不容易的。这时常用的方法有三种：近似法、大样本或渐近分布法、数值模拟法。

蒙特卡洛模拟法是数值模拟法中的一种常用方法。蒙特卡洛（Monte Carlo）模拟方法通常用于分析各种统计量的特性和行为。该方法的核心思想是利用随机问题的解方法来推导出确定性问题的解。蒙特卡洛模拟往往利用计算机模拟数据生成过程，大致思路

是首先设定一个能够充分反映待研究问题特征的数据生成式；然后，运用该式反复计算出 M 组随机大样本 T 的所涉及变量值，这是人工生成的蒙特卡洛样本。基于这些人工样本数据，通过反复使用某统计量可以近似推导出该统计量的未知样本分布函数，这种方法被称为分布抽样法。

蒙特卡洛模拟最广泛的应用是在非平稳过程中，当序列非平稳时，检验统计量将不再服从标准的分布，也可以说，统计量不能用解析函数表示，它们需要用维纳过程来表示其分布，维纳过程是随机变量的集合，因此，统计量的分布会随着维纳过程的变化而变化，这也就是其无法用解析式表示的原因。为了得到非平稳序列统计量的临界值，人们多采用蒙特卡洛模拟数据的方法按照数据生成过程模拟产生数据，然后拟合模型后计算相应的统计量值，当这种试验以几万次甚至更多次方式被不断重复后，可以得到足够多的统计量值从而得出其分布。在这方面，最典型的应用是迪基—福勒(DF)检验统计量临界值的确定。

设对序列 $\{y_t\}$ 进行单位根检验的模型如式（8.5.1）所示。

$$y_t = \rho y_{t-1} + \varepsilon_t \tag{8.5.1}$$

提出的假设是 $H_0: \rho = 1; H_1: \rho < 1$。

检验使用的统计量是

$$t = \frac{\hat{\rho} - 1}{\mathrm{SE}(\hat{\rho})} \tag{8.5.2}$$

在 H_0 成立的条件下，t 统计量的分布是非标准的，需要用蒙特卡洛模拟方法来得到其临界值。首先，在 H_0 成立的条件下按照数据生成过程得到 $\{y_t\}$。需要给出序列的初始值和确定样本容量 T，并让计算机产生误差序列 $\varepsilon_t \sim N(0,1)$，在此基础上按照式（8.5.1）得到 $(y_1, y_2, y_3, \cdots, y_T)$，即

$$\begin{gathered} y_1 = y_0 + \varepsilon_1 \\ y_2 = y_1 + \varepsilon_2 \\ y_3 = y_2 + \varepsilon_3 \\ \vdots \\ y_T = y_{T-1} + \varepsilon_T \end{gathered}$$

其次，$\{y_t\}$ 拟合模型（8.5.1），并计算 t 统计量值。重复上面的过程 N 次，得到 N 次重复试验结果，通过这样的重复试验得出 t 统计量的分布值；将 N 个 t 统计量值按照从小到大的顺序排列，5%的临界值就等于该分布的第 5 个百分点对应的数值。

8.5.2　蒙特卡洛模拟方法的步骤

一般进行蒙特卡洛模拟的步骤如下。

（1）按所需的数据生成过程相关数据，其误差项由给定的分布产生。

（2）对数据进行相关的回归分析，并计算检验统计量。

（3）保存统计量值，返回第一步，并重复 N 次。为使统计量值有意义，N 的取值要很大，一般在几万次以上。

（4）将 N 次统计量值排序，得到相应概率的临界值。例如，$\alpha=0.01$，若相应的临界值是–1.968，表示 $P(t<-1.968)=0.01$，也就是 N 个统计量值排序后，$N\times 0.01$ 所对应的值是–1.968。

8.5.3 单位根检验统计量临界值的模拟

1. 含常数项和趋势项的随机游动过程 t 检验统计量分布模拟

含常数项和趋势项的随机游动过程为

$$y_t=\mu+\delta t+\rho y_{t-1}+\varepsilon_t \tag{8.5.3}$$

提出的假设是：$H_0:\rho=1;H_1:\rho<1$。

检验使用的统计量是：$T(\rho-1)$，$t=\dfrac{\hat{\rho}-1}{\mathrm{SE}(\hat{\rho})}$。

接下来，运用 R 软件编程进行蒙特卡洛模拟试验（50 000 次），得到 t 统计量的临界值如表 8.5.1 所示。给定显著性水平 α，当 t 统计量值小于 t_α 时拒绝原假设，序列是平稳的；反之，当 t 统计量值大于 t_α 时接受原假设，存在单位根。R 软件的实现过程如下。

```
import numpy as np
import pandas as pd
import statsmodels.api as sm
# 设置随机数种子使结果能够复现
np.random.seed(2)
# 列表 t_results 用于存储不同样本样的 t 分位数值
t_results = []
print("t 统计量临界值")
def get_t3(num):
# 列表 ts 用于存储 50 000 个 t 值
ts = []
for _ in range(50 000):
sigma = np.random.normal(0, 1, int(num * 1.2))
# 从标准正态分布中生成指定数量的数据
y = np.cumsum(sigma)  # 将数据进行累加得到 y
samples = y[int(num * 0.2):]  # 剔除前期多余的数据，避免 y0 选取的影响
y_t = samples[1:]
y_t1 = samples[:-1]  # 生成滞后一期的 y
t = np.arange(1, num)  # 生成 t 项
data = pd.DataFrame({'t': t, 'y_t1': y_t1})
x = sm.add_constant(data)  # 自动加入截距项数据
model = sm.OLS(y_t, x).fit()  # 进行 OLS 回归
t_value =model.params[1]/ model.bse[1]  # 计算 t 统计量的值
ts.append(t_value)
sort_ts = np.sort(ts)  # 将 50 000 个 t 值进行排序
result = np.quantile(sort_ts, [0.01, 0.025, 0.05, 0.1, 0.9, 0.95, 0.975,
0.99])  # 计算分位数
t_results.append(result)
```

```
# 调用 get_t3 函数进行计算
get_t3(100)
# 输出结果
for i, result in enumerate(t_results):
print("t 统计量临界值")
print("0.01: ", result[0])
print("0.025:", result[1])
print("0.05: ", result[2])
print("0.1:  ", result[3])
print("0.9:  ", result[4])
print("0.95: ", result[5])
print("0.975:", result[6])
print("0.99: ", result[7])
print()
import numpy as np
import pandas as pd
import statsmodels.api as sm
```

在模型式（8.5.3）中，先检验 ρ 的取值，在 $\rho=1$ 的条件下需要继续检验时间趋势项的取值，因为它与模型式（8.5.4）的区别在于是否包含时间趋势项，此时，利用两个模型的剩余平方和有无显著性差异进行比较。提出假设

$$H_0:\delta=0;H_1:\delta\neq 0$$

检验统计量为

$$F=\frac{(\hat{R}^2-\tilde{R}^2)/2}{\tilde{R}^2/(T-3)}$$

其中

$$\tilde{R}^2=\sum_{t=1}^{T}(y_t-\mu-\delta t-\rho y_{t-1})^2$$

$$\hat{R}^2=\sum_{t=1}^{T}(y_t-\mu-\rho y_{t-1})^2$$

接下来，运用 R 软件编程进行蒙特卡洛模拟试验（50 000 次）得到 F 统计量的临界值，如表 8.5.2 所示。给定显著性水平 α，当 F 统计量值大于 F_α 时拒绝原假设，可以认定序列存在时间趋势项，F 统计量的极限分布是非标准的，需要用维纳过程和泛函中心极限定理得到。R 软件的实现过程如下。

```
import numpy as np
import pandas as pd
import statsmodels.api as sm


def get_f1(num):
fs = []
f_results = []
for _ in range(50000):
sigma = np.random.standard_normal(int(num * 1.2))
y = np.cumsum(sigma)
samples = y[int(num * 0.2):]
y_t = samples[1:]
```

```
    y_t1 = samples[:-1]
    data = pd.DataFrame({'y_t1': y_t1})
    x = sm.add_constant(data)
    model = sm.OLS(y_t, x).fit()
    F = model.f_test("const = 0, y_t1 = 1")
    f_stat = F.fvalue.item()
    fs.append(f_stat)
    sort_fs = np.sort(fs)
    result = np.quantile(sort_fs, [0.01, 0.025, 0.05, 0.1, 0.9, 0.95, 0.975,
0.99])
    f_results.append(result)
    return f_results
    f_results = get_f1(100)
    for i, result in enumerate(f_results):
    print("0.01: ", result[0])
    print("0.025:", result[1])
    print("0.05: ", result[2])
    print("0.1:  ", result[3])
    print("0.9:  ", result[4])
    print("0.95: ", result[5])
    print("0.975:", result[6])
    print("0.99: ", result[7])
    print()
```

2. 含常数项随机游动过程 t 检验统计量分布模拟

含常数项和趋势项的随机游动过程为

$$y_t = \mu + \rho y_{t-1} + \varepsilon_t \tag{8.5.4}$$

提出的假设是：$H_0:\rho=1;H_1:\rho<1$。

检验使用的统计量是：$T(\rho-1)$，$t=\dfrac{\hat{\rho}-1}{\mathrm{SE}(\hat{\rho})}$。

接下来，运用 R 软件编程进行蒙特卡洛模拟试验（50 000 次），得到 t 统计量的临界值如表 8.5.1 所示。给定显著性水平 α，当 t 统计量值小于 t_α 时拒绝原假设，序列是平稳的；反之，当 t 统计量值大于 t_α 时，接受原假设，存在单位根。具体过程如下。

```
    def get_t2(num):
    ts = []
    t_results = []
    for _ in range(50000):
    sigma = np.random.normal(0, 1, int(num * 1.2))
    y = np.cumsum(sigma)
    samples = y[int(num * 0.2):]
    y_t = samples[1:]
    y_t1 = samples[:-1]
    data = pd.DataFrame({'y_t1': y_t1})
    x = sm.add_constant(data)
    model = sm.OLS(y_t, x).fit()
    t_value = (model.params[1] - 0) / model.bse[1]
    ts.append(t_value)
    sort_ts = np.sort(ts)
    result = np.quantile(sort_ts, [0.01, 0.025, 0.05, 0.1, 0.9, 0.95, 0.975,
0.99])
    t_results.append(result)
```

```
return t_results
t_results = get_t2(100)
for i, result in enumerate(t_results):
print("0.01: ", result[0])
print("0.025:", result[1])
print("0.05: ", result[2])
print("0.1:  ", result[3])
print("0.9:  ", result[4])
print("0.95: ", result[5])
print("0.975:", result[6])
print("0.99: ", result[7])
print()
```

表 8.5.1　迪基–福勒 *t* 检验的临界值

样本量	统计量 $(\hat{\rho}_T-1)/\hat{\sigma}_\rho$ 小于表中数字的概率							
T	0.01	0.025	0.05	0.10	0.90	0.95	0.975	0.99
	$y_t=\rho y_{t-1}+\varepsilon_t$							
25	–2.66	–2.26	–1.95	–1.60	0.92	1.33	1.70	2.16
50	–2.62	–2.25	–1.95	–1.61	0.91	1.31	1.66	2.08
100	–2.60	–2.24	–1.95	–1.61	0.90	1.29	1.64	2.03
250	–2.58	–2.23	–1.95	–1.62	0.89	1.29	1.63	2.01
500	–2.58	–2.23	–1.95	–1.62	0.89	1.28	1.62	2.00
∞	–2.58	–2.23	–1.95	–1.62	0.89	1.28	1.62	2.00
	$y_t=\mu+\rho y_{t-1}+\varepsilon_t$							
25	–3.76	–3.33	–3.00	–2.63	–0.37	0.00	0.34	0.72
50	–3.58	–3.22	–2.93	–2.60	–0.40	–0.03	0.29	0.66
100	–3.51	–3.17	–2.89	–2.58	–0.42	–0.05	0.26	0.63
250	–3.46	–3.14	–2.88	–2.57	–0.42	–0.06	0.24	0.62
500	–3.44	–3.13	–2.87	–2.57	–0.43	–0.07	0.24	0.61
∞	–3.43	–3.12	–2.86	–2.57	–0.44	–0.07	0.23	0.60
	$y_t=\mu+\delta t+\rho y_{t-1}+\varepsilon_t$							
25	–4.38	–3.95	–3.60	–3.24	–1.14	–0.80	–0.50	–0.15
50	–4.15	–3.80	–3.50	–3.18	–1.19	–0.87	–0.58	–0.24
100	–4.04	–3.73	–3.45	–3.15	–1.22	–0.9	–0.62	–0.28
250	–3.99	–3.69	–3.43	–3.13	–1.23	–0.92	–0.64	–0.31
500	–3.98	–3.68	–3.42	–3.13	–1.24	–0.93	–0.65	–0.32
∞	–3.43	–3.66	–3.41	–3.12	–1.25	–0.94	–0.66	–0.33

在模型式（8.5.4）中，先检验 ρ 的取值，在 $\rho=1$ 的条件下需要继续检验常数项的取值。因为它与模型式（8.5.5）的区别在于是否包含常数项，此时，利用两个模型的剩余平方和有无显著性差异进行比较。提出假设

$$H_0:\mu=0;H_1:\mu\neq 0$$

检验统计量为

$$F=\frac{(\hat{R}^2-\tilde{R}^2)/2}{\tilde{R}^2/(T-2)}$$

其中，

$$\hat{R}^2 = \sum_{t=1}^{T}(y_t - \rho y_{t-1})^2$$

$$\tilde{R}^2 = \sum_{t=1}^{T}(y_t - \mu - \rho y_{t-1})^2$$

接下来，运用 R 软件编程进行蒙特卡洛模拟试验（50 000 次），得到 F 统计量的临界值，如表 8.5.2 所示。给定显著性水平 α，当 F 统计量值大于 F_α 时，拒绝原假设，序列存在时间趋势项。具体过程如下。

```
def get_f1(num):
fs = []
for _ in range(50000):
sigma = np.random.standard_normal(int(num * 1.2))
y = np.cumsum(sigma)
samples = y[int(num * 0.2):]
y_t = samples[1:]
y_t1 = samples[:-1]
data = pd.DataFrame({'y_t1': y_t1})  # 未加入 t 项
x = sm.add_constant(data)
model = sm.OLS(y_t, x).fit()
f = model.f_test("const = 0, y_t1 = 1")
fs.append(f)
sort_fs = np.sort(fs)
result = np.quantile(sort_fs, [0.01, 0.025, 0.05, 0.1, 0.9, 0.95, 0.975,
0.99])
f_results.append(result)
# 调用 get_f1 函数进行计算
get_f1(100)
# 输出结果
for i, result in enumerate(f_results):
print("0.01: ", result[0])
print("0.025:", result[1])
print("0.05: ", result[2])
print("0.1:  ", result[3])
print("0.9:  ", result[4])
print("0.95: ", result[5])
print("0.975:", result[6])
print("0.99: ", result[7])
print()

import numpy as np
import pandas as pd
import statsmodels.api as sm
def get_f1(num):
fs = []
f_results = []
for _ in range(50000):
sigma = np.random.standard_normal(int(num * 1.2))
y = np.cumsum(sigma)
samples1 = y[:int(num * 0.2)]
samples2 = y[int(num * 0.2):]
y_t1 = samples1[:-1]
y_t = samples1[1:]
```

```
data = pd.DataFrame({'y_t1': y_t1})
x = sm.add_constant(data)
model = sm.OLS(y_t, x).fit()
ssr1 = model.ssr
y_t1 = samples2[:-1]
y_t = samples2[1:]
data = pd.DataFrame({'y_t1': y_t1})
x = sm.add_constant(data)
model = sm.OLS(y_t, x).fit()
ssr2 = model.ssr
f = ((ssr1 - ssr2) / ssr2) * ((num - 2 * int(num * 0.2) - 1) / int(num * 0.2))
fs.append(f)
sort_fs = np.sort(fs)
result = np.quantile(sort_fs, [0.01, 0.025, 0.05, 0.1, 0.9, 0.95, 0.975, 0.99])
f_results.append(result)

return f_results
f_results = get_f1(100)
for i, result in enumerate(f_results):
print("0.01: ", result[0])
print("0.025:", result[1])
print("0.05: ", result[2])
print("0.1:  ", result[3])
print("0.9:  ", result[4])
print("0.95: ", result[5])
print("0.975:", result[6])
print("0.99: ", result[7])
print()
```

表 8.5.2　迪基–福勒 F 检验的临界值

样本量	F统计量大于表中数字的概率							
T	0.99	0.975	0.95	0.90	0.10	0.05	0.025	0.01
(在$y=\mu+\rho y_{t-1}+u_t$中检验$\mu=0,\rho=1$的F检验)								
25	0.29	0.38	0.49	0.65	4.12	5.18	6.30	7.88
50	0.29	0.39	0.50	0.66	3.94	4.86	5.80	7.06
100	0.29	0.39	0.50	0.67	3.86	4.71	5.57	6.70
250	0.30	0.39	0.51	0.67	3.81	4.63	5.45	6.52
500	0.30	0.39	0.51	0.67	3.79	4.61	5.41	6.47
∞	0.30	0.40	0.51	0.67	3.78	4.59	5.38	6.43
(在$y=\mu+\delta t+\rho y_{t-1}+u_t$中检验$\delta=0,\rho=1$的$F$检验)								
25	0.74	0.90	1.08	1.33	5.91	7.24	8.65	10.61
50	0.76	0.93	1.11	1.37	5.61	6.73	7.81	9.31
100	0.76	0.94	1.12	1.38	5.47	6.49	7.44	8.73
250	0.76	0.94	1.13	1.39	5.39	6.34	7.25	8.43
500	0.76	0.94	1.13	1.39	5.36	6.30	7.20	8.34
∞	0.77	0.94	1.13	1.39	5.34	6.25	7.16	8.27

3. 随机游动过程 t 检验统计量分布模拟

随机游动过程为

$$y_t = \rho y_{t-1} + \varepsilon_t \tag{8.5.5}$$

提出的假设是：$H_0:\rho=1;H_1:\rho<1$。

检验使用的统计量是：$T(\rho-1)$，$t=\dfrac{\hat{\rho}-1}{\mathrm{SE}(\hat{\rho})}$。

接下来，运用R软件编程进行蒙特卡洛模拟试验（50 000次），得到t统计量的临界值，如表8.5.1所示。给定显著性水平α，当t统计量值小于t_α时，拒绝原假设，序列是平稳的；反之，当t统计量值大于t_α时，接受原假设，存在单位根。具体过程如下。

```
import numpy as np
import pandas as pd
import statsmodels.api as sm
def get_t1(num):
ts = []
t_results = []
for _ in range(50000):
sigma = np.random.normal(0, 1, int(num * 1.2))
y = np.cumsum(sigma)
samples = y[int(num * 0.2):]
y_t = samples[1:]
y_t1 = samples[:-1]
x = pd.DataFrame({'y_t1': y_t1})
model = sm.OLS(y_t, sm.add_constant(x)).fit()
t_value = (model.params[1] - 1) / model.bse[1]
ts.append(t_value)
sort_ts = np.sort(ts)
result = np.quantile(sort_ts, [0.01, 0.025, 0.05, 0.1, 0.9, 0.95, 0.975, 0.99])
t_results.append(result)
return t_results
t_results = get_t1(100)
for i, result in enumerate(t_results):
print("0.01: ", result[0])
print("0.025:", result[1])
print("0.05: ", result[2])
print("0.1:  ", result[3])
print("0.9:  ", result[4])
print("0.95: ", result[5])
print("0.975:", result[6])
print("0.99: ", result[7])
print()
```

单位根有三种模型形式。在具体检验时，应该如何选择检验模型形式是在实际检验中经常遇到的问题。一般遵循从复杂到简单的原则，即先检验带常数项和势项的模型，再检验带常数项的模型，最后为最简单的单位根模型；若有单位根则应对差分序列再进行单位根检验，直到序列平稳以确定单整阶数。

在Eviews软件操作中，模型形式选择对应图8.5.1左栏下部分，分别代表三类单位根模型，即有常数项单位根、有常数项和趋势项单位根、单位根；数据形式对应图8.5.1左栏上部分，分别表示序列原始值、一阶差分值、二阶差分值。检验结果平稳后，检验结束，同时能得到序列单整结束，例如，序列$\{y_t\}$原值是单位根，若一阶差分序列值平稳，则它是一阶单整的，即$y_t \sim I(1)$。

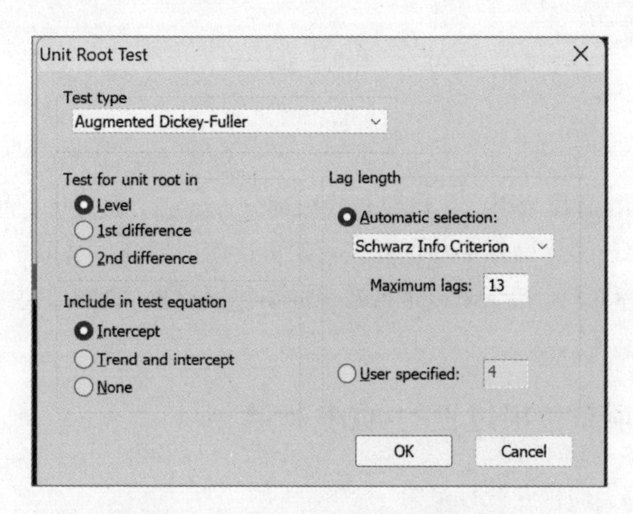

图 8.5.1　Eviews 软件单位根检验操作

8.6 增广的迪基–福勒（ADF）检验法

增广的迪基–福勒检验法（Augmented Dickey–Fuller Test，以下简称“ADF 检验法”）由迪基（Dickey）和福勒（Fuller）在 1979 年提出，其可以将 DF 检验法推广到一般的单位根过程，其中的随机扰动项服从一般形式的稳定过程，也就是说，DF 检验假定 $\{\varepsilon_t\}$ 是独立同分布序列，而 ADF 检验则假定 $\{u_t\}$ 是稳定过程。

8.6.1 ADF 检验原理

ADF 检验假设数据 $\{y_t\}$ 服从有单位根的 p 阶自回归过程，即

$$y_t = \varphi_1 y_{t-1} + \varphi_2 y_{t-2} + \cdots + \varphi_p y_{t-p} + \varepsilon_t \tag{8.6.1}$$

其特征方程为

$$1 - \varphi_1 B - \varphi_2 B^2 - \cdots - \varphi_P B^p = 0 \tag{8.6.2}$$

令

$$\rho = \varphi_1 + \varphi_2 + \cdots + \varphi_P$$
$$\xi_j = -(\varphi_{j+1} + \cdots + \varphi_P), j = 1,2,\cdots, p-1$$

故

$$\varphi_p(B) = (1 - \varphi_1 B - \varphi_2 B^2 - \cdots - \varphi_P B^p) =$$
$$(1 - \rho B) - (1 - \xi_1 B - \xi_2 B^2 - \cdots - \xi_{P-1} B^{p-1})(1 - B)$$

从而可将 $\{y_t\}$ 服从有单位根的 p 阶自回归过程改写成以下形式。

$$[(1 - \rho B) - (1 - \xi_1 B - \xi_2 B^2 - \cdots - \xi_{P-1} B^{p-1})(1 - B)] y_t = \varepsilon_t \tag{8.6.3}$$

将式（8.6.3）展开为

$$y_t - \rho y_{t-1} - \xi_1 y_{t-1} - \xi_2 y_{t-2} - \cdots - \xi_{P-1} y_{t-p+1} + \xi_1 y_{t-2} - \xi_2 y_{t-3} - \cdots - \xi_{P-1} y_{t-p} = \varepsilon_t \tag{8.6.4}$$

整理后得

$$y_t - \rho y_{t-1} - \xi_1 \Delta y_{t-1} - \xi_2 \Delta y_{t-2} - \cdots - \xi_{P-1} \Delta y_{t-p+1} = \varepsilon_t$$

则

$$y_t = \rho y_{t-1} + \xi_1 \Delta y_{t-1} + \xi_2 \Delta y_{t-2} + \cdots + \xi_{P-1} \Delta y_{t-p+1} + \varepsilon_t \tag{8.6.5}$$

通过变形，AR(p)模型引入了单位根检验部分(ρy_{t-1})，而且将u_t部分用AR模型加以表示既检验了单位根，又用平稳过程表示随机扰动项部分，是很巧妙的变化。

基于模型式(8.6.5)，接下来以带常数项的单位根过程检验为例说明ADF检验在其中的应用。

8.6.2 带常数项单位根过程的ADF检验

模型式（8.6.5）的检验统计量为

$$\frac{T(\hat{\rho}_{T-1})}{1-\xi_1-\xi_2-\cdots-\xi_{P-1}} \text{和} \frac{\hat{\rho}_T - 1}{\hat{\eta}_T}$$

这样做的目的是使其与 DF 检验的分布一致，使之可以使用同一个统计量检验表，即

$$\frac{T(\hat{\rho}-1)}{1-\xi_1-\xi_2-\cdots-\xi_{p-1}} \Rightarrow \frac{\frac{1}{2}[w(1)^2-1]-w(1)\int_0^1 w(r)\mathrm{d}r}{\int_0^1 w(r)^2\mathrm{d}r-\left(\int_0^1 w(r)\mathrm{d}r\right)^2} \tag{8.6.6}$$

$$t(\hat{\rho}) = \frac{\hat{\rho}_T - 1}{\hat{\eta}_T} \Rightarrow \frac{\frac{1}{2}[w(1)^2-1]-w(1)\int_0^1 w(r)\mathrm{d}r}{\left\{\int_0^1 w(r)^2 dr)-\left(\int_0^1 w(r)\mathrm{d}r\right)^2\right\}^{1/2}} \tag{8.6.7}$$

第 9 章

协 整 理 论

9.1　协整理论的建立和意义

9.1.1　协整概念的提出

1987 年，恩格尔和格兰杰发表论文《协整与误差修正，描述、估计与检验》，正式提出“协整”概念，Johansen 等人于 1995 年逐步发展完善了相关理论与方法。

设($x_{1t},x_{2t},\cdots,x_{kt}$)都是 1 阶单整的，若存在一个向量 $\boldsymbol{\alpha}=(\alpha_1,\alpha_2,\cdots,\alpha_k)$ 使得 $z_t=\boldsymbol{\alpha}\boldsymbol{X}_t'\sim I(0)$，则可以认为($x_{1t},x_{2t},\cdots,x_{kt}$)是协整的，$\boldsymbol{\alpha}$ 为协整向量。

当向量 $\boldsymbol{X}_t$ 的维数 $n>2$ 时，可能存在多个线性独立的常数向量 $\boldsymbol{\alpha}_s(s=1,2,\cdots,k)$，使得 $\boldsymbol{\alpha}_s\boldsymbol{X}_t'\sim I(0)$。将 k 个协整向量列在 $n\times k$ 维矩阵 $\boldsymbol{A}$ 中

$$\boldsymbol{A}=[\alpha_1,\alpha_2,\cdots,\alpha_k]$$

可以称 $\boldsymbol{A}$ 为协整矩阵。由于向量 $\boldsymbol{\alpha}_s(s=1,2,\cdots,k)$ 线性独立，矩阵 $\boldsymbol{A}$ 的秩为 k，记为 $k=rk(\boldsymbol{A})$，k 为向量 $\boldsymbol{X}_t$ 的协整秩。

协整的含义可以被理解为系统中变量均是单位根，是杂乱变化的，但是，当把向量 $\boldsymbol{X}_t$ 代入方程 $\boldsymbol{\alpha}_s\boldsymbol{X}_t'$ 后，组合的结果是平稳的，这就是说，表面显示出的杂乱变化的 $\boldsymbol{X}_t$ 是由内在的关系决定的，它们之间是有关联性的。经典计量经济学模型是结构式因果模型，表明变量间存在因果关系，它的潜在要求是数据是平稳的；协整定义表明它阐述的是变量间存在长期均衡关系，均衡关系中，总有决定与被决定的因素。从这个角度讲，也可以将之理解为因果关系，只是在建模中不分“因”“果”，需要自行识别，而且，它针对的是非平稳数据。因此，协整理论与古典计量经济学要反映的经济关系是一样的，只是针对更具现实意义的数据结构，因此，计量经济学将被推向一个新的发展里程。

9.1.2　协整理论的意义

协整理论为研究宏观经济系统的运行提供了有效的理论工具和实证分析的框架。长期以来，人们发现许多经济时间序列都呈现非平稳单位根特征，如居民消费（ y_t ）和居民收入（ x_t ）。为了研究这些时间序列的特征及它们相互之间的关系，传统的做法是先对它们做一阶差分，然后考虑差分后变量 Δy_t 和 Δx_t 之间的关系。若不取差分而是直接考虑 y_t 和 x_t 之间的关系，则有可能出现伪回归现象，即变量 y_t 和 x_t 之间并不存在实际联系，但它们的非稳定性却使它们表面上呈现显著的关系，从而导致错误的结论。但另一方面，只对变量的一阶差分 Δy_t 和 Δx_t 之间的关系作分析，又往往不是经济分析的目

标，因为对一阶差分的分析只能解释收入和消费的增量之间的关系，而不是收入和消费在水平面上的关系。这是困扰计量经济学家的难题，而协整理论的出现和发展为分析非稳定变量在水平面上的关系提供了有效工具，它对计量经济学发展具有里程碑式的意义，因此，协整概念的提出者恩格尔和格兰杰获得了 2003 年诺贝尔经济学奖。

协整理论在经济学和计量经济学的各个主要分支中（特别是在实证宏观经济的研究中）都有发展和应用，其中的一个重要原因是"协整"概念与宏观经济学中的"长期均衡"概念有本质上的联系，即两个或多个时间序列之间的协整关系反映了它们之间的长期均衡关系。按照协整的定义，两个或多个变量是单位根过程，它们的变动是非平稳的、杂乱的，但是，如果它们的线性组合结果是平稳的，则说明变量间的非平稳是有联系的、而不是独立的，也可以说，被解释变量的非平稳是由解释变量决定的，代入拟合方程后的残差是平稳的，它们的时间关系一直是恒定的，类似"长期均衡"关系。

9.2 两变量的 E-G 协整检验

1987 年，恩格尔和格兰杰又基于所给出的协整概念提出了对两变量协整关系检验的两步法，其被称为 E-G 检验法。这一方法对协整模型做两次回归：首先，用最小二乘法估计静态的协整关系，然后，对残差平稳性进行检验；如果残差是平稳的则可以认定变量间存在协整关系，反之则可以认定协整关系不成立。

9.2.1 E-G 检验法的步骤

假设两变量 $y_t \sim I(1), x_t \sim I(1)$，建立模型

$$y_t = \beta x_t + u_t \tag{9.2.1}$$

第一步，用 OLS 估计模型（9.2.1），得到 $\hat{y}_t = \hat{\beta} x_t$，以及残差序列 $\{\hat{u}_t\}$。

第二步，检验 $\{\hat{u}_t\}$ 的平稳性，建立模型

$$\hat{u}_t = \rho \hat{u}_{t-1} \tag{9.2.2}$$

若 $\hat{u}_t \sim I(0)$，协整关系成立；$\hat{u}_t \sim I(1)$，则协整关系不成立，是伪回归。

例 9.2.1 国际石油价格与其相关影响因素的协整检验。

作为一种特殊的战略物资，石油身兼商品属性、政治属性和金融属性，其价格波动影响因素复杂，是人们密切关注的。本例对国际石油价格、全球石油产量和 CFTC（美国商品期货委员会）原油持仓数量进行协整关系的检验分析。

本例采用 2000—2020 年的年度数据进行分析（见表 9.2.1），其中，国际石油价格

表 9.2.1 变量选取

变量名	含义	单位
y	国际石油价格	美元/桶
X_1	全球原油产量	千桶/天
X_2	CFTC 原油持仓数量	张

为布伦特原油价格（美元/桶）、全球原油产量单位为千桶/天，数据来源于英国石油公司。下文将对原始数据取对数后进行分析。

首先，对三个序列进行单位根检验，它们均为一阶单整序列，一阶差分序列的单位根检验结果见表 9.2.2。

表 9.2.2　单位根检验结果

变量名	ADF 检验 t 统计量值	p 值	检验结果
y	−3.684	0.000 9	一阶单整
X_1	−2.477	0.016 0	一阶单整
X_2	−2.867	0.006 6	一阶单整

可以发现，三个序列均为一阶单整序列，因此，可以继续下一步的协整检验。采用 E-G 检验法进行协整检验，回归结果如式（9.2.3）所示，残差的平稳性检验结果见式（9.2.4）。

$$y_t = -11.26 + 0.000\,47 X_{1t} + 0.000\,019 X_{2t} \tag{9.2.3}$$

$$e_t = \underset{(0.183)}{0.681} e_{t-1} \tag{9.2.4}$$

则残差序列的单位根检验结果为：$\rho = \dfrac{0.681-1}{0.183} = -1.743$，5%显著性水平下的临界值为−1.959，10%显著性水平下的临界值为−1.607，那么，在 10%显著性水平下，残差序列是平稳的，方程式（9.2.3）是成立的，变量间存在协整关系。

9.2.2　E-G 检验法的缺陷

E-G 检验法是协整理论与方法的开端，对协整理论具有重要意义，是协整理论后续发展的基础。随着理论研究的深入与实证应用的推广，人们发现其存在以下缺陷。

第一，E-G 检验法对协整向量参数的估计采用的是 OLS 估计法，仿真试验表明，即使样本长度为 100 时，协整向量的 OLS 估计仍是有偏的。

第二，E-G 检验法检验一般只假定有一个协整关系，这就可能忽略其他协整关系。因为要对残差的平稳性进行检验必须先设定协整关系模型，所以这样就有可能忽略其他的关系。当变量个数大于等于 3 时，系统存在的协整关系就可能不止 1 个，而事先对协整关系的设立会使其他协整关系被忽略。

E-G 检验法尽管存在缺陷，但它也为后来协整关系检验的完善提供思路，因此我们不能否认它在协整理论与方法中的开创性地位和重要性。

9.3　多变量协整关系的检验

对于多变量之间的协整关系，约翰森于 1988 年，以及约翰森与朱赛利斯于 1990 年分别提出了一种基于向量自回归模型进行检验的方法，被称为 JJ 检验，该检验能检测出系统中所有协整关系，且利用极大似然方法进行参数估计，弥补了 E-G 检验法的不足。

9.3.1 向量自回归过程（vector autoregressive process，VAR）

VAR(p)模型的数学表达式是

$$\boldsymbol{y}_t = \boldsymbol{\psi}_1 \boldsymbol{y}_{t-1} + \cdots + \boldsymbol{\psi}_p \boldsymbol{y}_{t-p} + \boldsymbol{\varepsilon}_t \tag{9.3.1}$$

其中：$\boldsymbol{y}_t$ 是 n 维内生变量列向量，p 是滞后阶数，T 是样本容量。$n\times n$ 维矩阵（$\boldsymbol{\psi}_1,\cdots,\boldsymbol{\psi}_p$）是待估计的系数矩阵；$\boldsymbol{\varepsilon}_t$ 是 n 维扰动列向量，它们相互之间可以同期相关，但不与自身的滞后值相关且不与等式右边的变量相关，假设 Σ 是 $\boldsymbol{\varepsilon}_t$ 的协方差矩阵，那么它将是一个 $n\times n$ 的正定矩阵，$E(\boldsymbol{\varepsilon}_t)=0, D(\boldsymbol{\varepsilon}_t)=E(\boldsymbol{\varepsilon}_t\boldsymbol{\varepsilon}_t')=\boldsymbol{\Omega}$。式（9.3.1）可以展开表示为

$$\begin{pmatrix} y_{1t} \\ y_{2t} \\ \vdots \\ y_{nt} \end{pmatrix} = \boldsymbol{\psi}_1 \begin{pmatrix} y_{1\,t-1} \\ y_{2\,t-1} \\ \vdots \\ y_{nt-1} \end{pmatrix} + \cdots + \boldsymbol{\psi}_p \begin{pmatrix} y_{1\,t-p} \\ y_{2\,t-p} \\ \vdots \\ y_{nt-p} \end{pmatrix} + \begin{pmatrix} \varepsilon_{1t} \\ \varepsilon_{2t} \\ \vdots \\ \varepsilon_{nt} \end{pmatrix} \tag{9.3.2}$$

VAR（p）模型结构显示，系统中每一个变量都要被系统中所有变量的滞后 p 阶解释，这样，系统中所有可能的关系都在 VAR 模型中，因此，在协整关系的检验中不会存在遗漏现象，而且使用极大似然估计方法进行参数估计，提高了参数估计精度。JJ 检验的贡献在于从 VAR 模型中检验变量间存在的协整关系。

9.3.2 两个数学命题

以下两个数学命题在协整关系检验中起到了重要作用。

命题（1）：对矩阵 $\boldsymbol{A}$、$\boldsymbol{B}$、$\boldsymbol{C}$ 有下列恒等式。

$$|\boldsymbol{C}-\boldsymbol{B}'\boldsymbol{A}^{-1}\boldsymbol{B}| = |\boldsymbol{A}-\boldsymbol{B}\boldsymbol{C}^{-1}\boldsymbol{B}'||\boldsymbol{C}||\boldsymbol{A}|^{-1}$$

命题（2）：下列极小化问题。

$\min\limits_{X} \dfrac{|\boldsymbol{X}'(\boldsymbol{A}_1-\boldsymbol{A}_2)\boldsymbol{X}|}{|\boldsymbol{X}'\boldsymbol{A}_1\boldsymbol{X}|}$ 的解由 $|\boldsymbol{A}_2-\lambda\boldsymbol{A}_1|=0$ 的最大特征根给出，即最大特征根对应的特征向量就是 $\boldsymbol{X}$。

9.3.3 JJ 协整检验方法

1. VAR 模型变形

将 VAR（p）[式（9.3.1）] 模型变形为

$$(I_n - \boldsymbol{\psi}_1 L - \boldsymbol{\psi}_2 L^2 - \cdots - \boldsymbol{\psi}_p L^p) y_t = \boldsymbol{\varepsilon}_t$$

令

$$\rho = \boldsymbol{\psi}_1 + \boldsymbol{\psi}_2 + \cdots + \boldsymbol{\psi}_p$$

$$\boldsymbol{\Gamma}_s = -[\boldsymbol{\psi}_{s+1} + \boldsymbol{\psi}_{s+2} + \cdots + \boldsymbol{\psi}_p],\ s = 1,2,\cdots,p$$

则

$$I_n - \boldsymbol{\psi}_1 L - \boldsymbol{\psi}_2 L^2 - \cdots - \boldsymbol{\psi}_p L^p = (I_n - \rho L) - (\boldsymbol{\Gamma}_1 L + \boldsymbol{\Gamma}_2 L^2 + \cdots + \boldsymbol{\Gamma}_{p-1} L^{p-1})(1-L)$$

这样，

$$
\begin{aligned}
&(I_n-\boldsymbol{\psi}_1 L-\boldsymbol{\psi}_2 L^2-\cdots-\boldsymbol{\psi}_p L^p)y_t \\
&=[(I_n-\rho L)-(\boldsymbol{\Gamma}_1 L+\boldsymbol{\Gamma}_2 L^2+\cdots+\boldsymbol{\Gamma}_{p-1}L^{p-1})(1-L)]\boldsymbol{y}_t \\
&=\boldsymbol{y}_t-\rho\boldsymbol{y}_{t-1}-\boldsymbol{\xi}_1\Delta\boldsymbol{y}_{t-1}-\boldsymbol{\xi}_2\Delta\boldsymbol{y}_{t-2}\cdots-\boldsymbol{\xi}_{p-1}\Delta\boldsymbol{y}_{t-p+1}
\end{aligned}
$$

故，VAR（p）可以被表示为

$$
\boldsymbol{y}_t=\rho\boldsymbol{y}_{t-1}+\boldsymbol{\Gamma}_1\Delta\boldsymbol{y}_{t-1}+\cdots+\boldsymbol{\Gamma}_{p-1}\Delta\boldsymbol{y}_{t-p+1}+\boldsymbol{\varepsilon}_t \tag{9.3.3}
$$

2. 误差修正模型（ECM）

式（9.3.3）中包含 $\boldsymbol{y}_{t-1}$，协整关系就被包含在其中，还有序列值的差分项。相当于将 VAR(p)模型等号右边留下 $\boldsymbol{y}_{t-1}$，其余的项用它们的差分项表示，因此，$\boldsymbol{y}_{it}\ (i=1,2,\cdots,n)$ 间是否存在协整关系应该在 $\boldsymbol{y}_{it}$ 与 $\boldsymbol{y}_{it-1}$ 中体现出来。将式（9.3.3）两边同减 $\boldsymbol{y}_{t-1}$，得到向量误差修正模型，见式（9.3.4）

$$
\Delta\boldsymbol{y}_t=\boldsymbol{\Gamma}_0\boldsymbol{y}_{t-1}+\boldsymbol{\Gamma}_1\Delta\boldsymbol{y}_{t-1}+\cdots+\boldsymbol{\Gamma}_{p-1}\Delta\boldsymbol{y}_{t-p+1}+\boldsymbol{\varepsilon}_t \tag{9.3.4}
$$

其中，

$$
\boldsymbol{\Gamma}_0=I-\rho=-I+(\boldsymbol{\psi}_1+\boldsymbol{\psi}_2+\cdots+\boldsymbol{\psi}_p)
$$

$\boldsymbol{\Gamma}_0$ 为 $n\times n$ 矩阵，矩阵的秩 r 就是协整关系个数，$\boldsymbol{\Gamma}_0=\boldsymbol{\alpha}\beta'$，$\boldsymbol{\alpha}$ 为调节参数向量矩阵，$\boldsymbol{\beta}$ 为协整向量矩阵。

3. 参数估计

模型式（9.3.4）的对数极大似然函数为

$$
L(\boldsymbol{\Gamma}_1,\cdots,\boldsymbol{\Gamma}_{p-1},\boldsymbol{\Gamma}_0)=-\frac{Tn}{2}\ln(2\pi)-\frac{T}{2}\ln|\boldsymbol{\Omega}|-\frac{1}{2}\sum_{t=1}^{T}e_t'\boldsymbol{\Omega}^{-1}e_t(2) \tag{9.3.5}
$$

$\boldsymbol{\Omega}$ 为 e_t 的方差矩阵，式（9.3.5）中并不包含待估计参数，为此，借助两个辅助回归 $\Delta\boldsymbol{y}_t$ 对 $\Delta\boldsymbol{y}_{t-1},\cdots,\Delta\boldsymbol{y}_{t-p}$ 回归，残差为 $R_{0t}(n\times 1)$，$\boldsymbol{y}_{t-1}$ 对 $\Delta\boldsymbol{y}_{t-1},\cdots,\Delta\boldsymbol{y}_{t-p}$ 回归，残差为 $R_{1t}(n\times 1)$，则

$$
e_t=R_{0t}-\boldsymbol{\Gamma}_0 R_{1t},\quad \frac{\sum_{t=1}^{T}e_t'\boldsymbol{\Omega}^{-1}e_t}{2}=\frac{Tn}{2}
$$

$$
\begin{aligned}
L(\boldsymbol{\Gamma}_{1,\cdots,}\boldsymbol{\Gamma}_{p-1,}\boldsymbol{\Gamma}_0)&=-\frac{Tn}{2}\ln(2\pi)-\frac{T}{2}\ln|\boldsymbol{\Omega}|-\frac{1}{2}\sum_{t=1}^{T}e_t{}'\boldsymbol{\Omega}^{-1}e_t \\
&=K_0-\frac{T}{2}\ln\left|\frac{1}{T}\sum(R_{0t}-\boldsymbol{\Gamma}_0 R_{1t})(R_{0t}-\boldsymbol{\Gamma}_0 R_{1t})'\right|
\end{aligned} \tag{9.3.6}
$$

其中，

$$
K_0=-\frac{\mathrm{Tn}}{2}\ln(2\pi)-\frac{Tn}{2}
$$

$\boldsymbol{\Gamma}_0=\boldsymbol{\alpha\beta}'$ 代入式（9.3.6），设

$$
S_{ij}=T^{-1}\sum R_{it}R_{it}',i,j=0,1
$$

有

$$L(\boldsymbol{\Gamma}_1,\cdots,\boldsymbol{\Gamma}_{p-1},\boldsymbol{\Gamma}_0)=K_0-\frac{T}{2}\ln\left|S_{00}-S_{01}\boldsymbol{\beta\alpha}'-\boldsymbol{\alpha\beta}'S_{10}+\boldsymbol{\alpha\beta}'S_{11}\boldsymbol{\beta\alpha}'\right| \quad (9.3.7)$$

为估计$\boldsymbol{\alpha}$，$\boldsymbol{\beta}$，有

$$\frac{\partial L}{\partial \boldsymbol{\alpha}}=0,\boldsymbol{\alpha}=S_{01}\boldsymbol{\beta}(\boldsymbol{\beta}'S_{11}\boldsymbol{\beta})^{-1}$$

将此代入式（9.3.7）中，有

$$\begin{aligned}L(\boldsymbol{\Gamma}_1,\cdots,\boldsymbol{\Gamma}_{k-1},\boldsymbol{\Gamma}_0)&=K_0-\frac{T}{2}\ln\left|S_{00}-S_{01}\boldsymbol{\beta\alpha}'-\boldsymbol{\alpha\beta}'S_{10}+\boldsymbol{\alpha\beta}'S_{11}\boldsymbol{\beta\alpha}'\right|\\&=K_1-\frac{T}{2}\ln|S_{00}-S_{01}\boldsymbol{\beta}(\boldsymbol{\beta}'S_{11}\boldsymbol{\beta})^{-1})\boldsymbol{\beta}'S_{10}|\end{aligned} \quad (9.3.8)$$

对式（9.3.8）求关于$\boldsymbol{\beta}$的偏导是不容易的，转换为式（9.3.8）中$|\bullet|$求最小值。

利用命题（1），有

$$\begin{aligned}|\bullet|&=|\boldsymbol{\beta}'S_{11}\boldsymbol{\beta}-\boldsymbol{\beta}'S_{10}S_{00}^{-1}S_{01}\boldsymbol{\beta}||S_{00}||\boldsymbol{\beta}'S_{11}\boldsymbol{\beta}|^{-1}\\&=\frac{|S_{00}||\boldsymbol{\beta}'(S_{11}-S_{10}S^{-1}{}_{00}S_{01})\boldsymbol{\beta}|}{|\boldsymbol{\beta}'S_{11}\boldsymbol{\beta}|}\end{aligned}$$

根据命题（2），$|\bullet|$最小，转化为式（9.3.9）的最大特征根对应的特征向量。也就是说，协整向量$\boldsymbol{\beta}$就是式（9.3.9）中最大特征根对应的特征向量。

$$|S_{10}S_{00}^{-1}S_{01}-\lambda S_{11}|=0 \quad (9.3.9)$$

由式（9.3.9）求出的特征根排序为：$\lambda_1>\lambda_2>\cdots>\lambda_n$，对应的特征向量为$\boldsymbol{V}_i(i=1,2,\cdots,n)$，前$r$个特征根对应的特征向量就是$\boldsymbol{\beta}$的极大似然估计值。

由于

$$\begin{aligned}&V'S_{11}V=I,\beta'S_{11}\beta=I_r\\&\beta'S_{10}S_{00}^{-1}S_{01}\beta=\Lambda r,\Lambda r=\lambda_{ij},\\&\lambda_{ii}=\lambda_i,\lambda_{ij}=0,i\neq j\end{aligned}$$

代入式（9.3.8）有

$$L(\boldsymbol{\Gamma}_1,\cdots,\boldsymbol{\Gamma}_{k-1},\boldsymbol{\Gamma}_0)=K_2-\frac{T}{2}\ln\left|I-\Lambda_r\right|=K_2-\frac{T}{2}\sum_{i=1}^{r}\ln(1-\lambda_i)$$

4. 构造检验统计量

基于上述原理，构建两个检验统计量以检验哪些特征根可以被认为是最大的，提出假设如下。

H_0: $\{y_t\}$中有r个独立的协整关系。

H_1: $\{y_t\}$中有多于r个独立的协整关系。

其中，$r=0,1,\cdots,n-1$。

（1）JJ 检验之一：特征值轨迹检验。

构造统计量如下。

$$\eta_r = -T\sum_{i=r+1}^{n}\ln(1-\lambda_i)$$

当$\eta_r <$临界值，接受H_0；否则，拒绝H_0。

（2）JJ 检验之一：最大特征值检验。

假设存在 r 个协整关系，则$\lambda_{r+1}=0$，可推出$\lambda_{r+2}=\lambda_{r+3}=\cdots=\lambda_{n-1}=0$，因此，由最大特征值检验方法可以提出统计量为

$$\xi_r = -T\ln(1-\lambda_{r+1})$$

若$\xi_r <$临界值，接受H_0；若$\xi_r >$临界值，拒绝H_0。

两个检验统计量构造的思路近似，如果最大的特征根有 r 个，则从λ_{r+1}到λ_n取值很小，$\ln(1-\lambda_i)(i=r+1,\cdots,n)$很小且为负值，再和–T 相乘后，为很小的正值，此时，接受H_0；反之，当统计量值大于临界值时，表示有些λ值不能被认为取值小，需要拒绝原假设并进行进一步检验。两个统计量的构造中，一个将($\lambda_{r+1},\cdots,\lambda_n$)求和，一个只考虑$\lambda_{r+1}$，构造思路相似，但检验结果有时会不一致。

例 9.3.1 国际石油价格与其相关影响因素协整关系再检验。

接例 9.2.1，除了 E-G 检验法，还可以进一步构建 VAR 模型并进行 JJ 协整检验，以检验系统中若干变量间是否存在协整关系。首先，可以利用信息准则法确定 VAR 模型的最佳滞后阶数，根据确定的最佳滞后阶数拟合 VAR 模型并进行 JJ 协整检验，具体输出结果如图 9.3.1 所示。

Unrestricted Cointegration Rank Test (Trace)

Hypothesized No. of CE(s)	Eigenvalue	Trace Statistic	0.05 Critical Value	Prob.**
None *	0.768985	38.63151	29.79707	0.0037
At most 1	0.427480	12.25660	15.49471	0.1450
At most 2	0.115926	2.217862	3.841466	0.1364

Trace test indicates 1 cointegrating eqn(s) at the 0.05 level
* denotes rejection of the hypothesis at the 0.05 level
**MacKinnon-Haug-Michelis (1999) p-values

Unrestricted Cointegration Rank Test (Maximum Eigenvalue)

Hypothesized No. of CE(s)	Eigenvalue	Max-Eigen Statistic	0.05 Critical Value	Prob.**
None *	0.768985	26.37491	21.13162	0.0083
At most 1	0.427480	10.03874	14.26460	0.2094
At most 2	0.115926	2.217862	3.841466	0.1364

Max-eigenvalue test indicates 1 cointegrating eqn(s) at the 0.05 level
* denotes rejection of the hypothesis at the 0.05 level
**MacKinnon-Haug-Michelis (1999) p-values

图 9.3.1 国际石油价格与其影响因素的 JJ 检验结果

图 9.3.1 显示，三个特征根分别为：$\lambda_1=0.7689$，$\lambda_2=0.4274$，$\lambda_3=0.1159$，轨迹统计量检验结果显示，$r=0$ 时，轨迹统计量值 38.631 51，大于临界值，拒绝原假设；$r=1$ 时，轨迹统计量值 12.256 6，小于临界值，接受原假设，所以，可以认为存在 1 个协

整关系。最大特征根统计量检验结果显示，$r=1$ 时，接受原假设，有 1 个协整关系。两者结论一致，可以认为存在 1 个协整关系。

协整关系估计结果如图 9.3.2 所示，参数标准化结果如图 9.3.3 所示，所以，三者之间的协整方程为

$$y_t = -0.012\,7x2_t + 0.000\,080\,6x3_t$$

Unrestricted Cointegrating Coefficients (normalized by b'*S11*b=I):

Y	X1	X2
-0.046303	-0.000590	3.73E-06
-0.003367	-0.000339	-4.73E-08
-0.046259	0.000367	-5.93E-07

图 9.3.2 国际石油价格与其影响因素协整关系估计结果

Normalized cointegrating coefficients (standard error in parentheses)

Y	X1	X2
1.000000	0.012735	-8.06E-05
	(0.00282)	(1.1E-05)

图 9.3.3 国际石油价格与其影响因素协整关系估计标准化结果

Eviews 软件操作过程如图 9.3.4、图 9.3.5、图 9.3.6 所示，先要估计 VAR 模型，依据 AIC 最小值确定最优滞后阶数，例 9.3.1 的最优滞后阶数为 1 阶；然后，在图 9.3.5 所示的页面中输入系统中变量名称及滞后阶数；最后，在 VAR 模型页面，执行“view”命令，进行如图 9.3.6 所示页面的操作，可以得到如图 9.3.1 所示的结果。

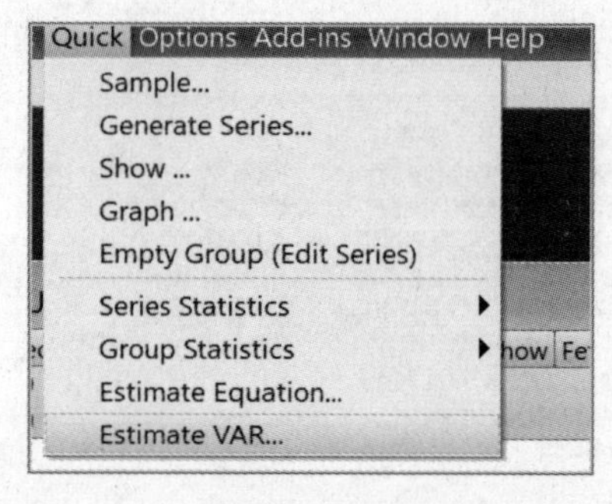

图 9.3.4 VAR 模型估计操作 1

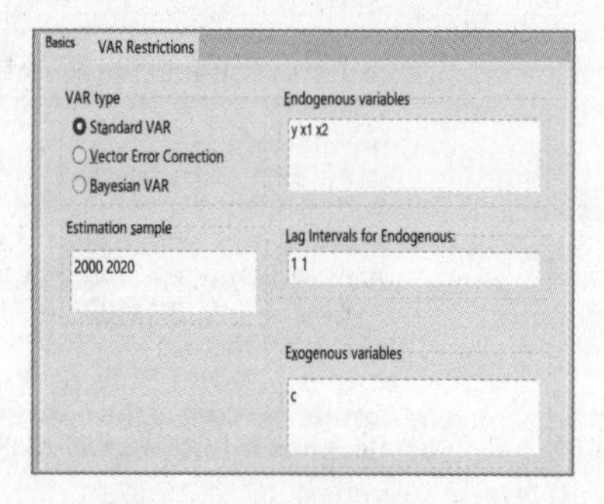

图 9.3.5 VAR 模型估计操作 2

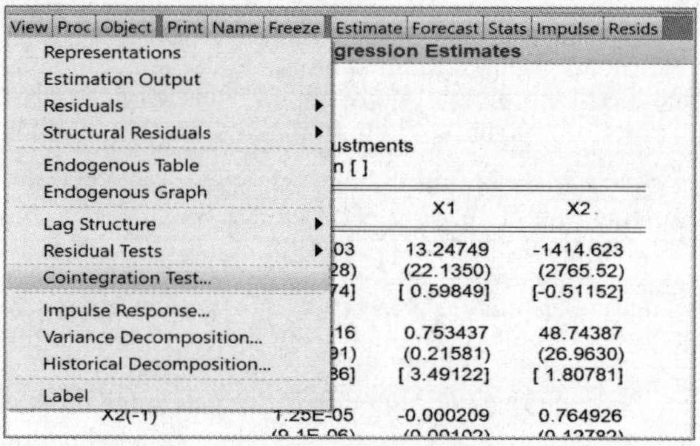

图 9.3.6 协整检验操作

9.4 Granger 因果关系检验

9.4.1 概念

在检验出变量间存在协整关系时，有时可能无法确定它们之间的因果关系，也就是说，不知道该把哪个变量放在左边作为被解释变量，这往往是由于在经济理论上存在争议，因与果关系无法确定。格兰杰因果检验试图解决这个问题，它由格兰杰于 1969 年提出。它的具体含义是，如果在经济上两个变量之间存在因果联系，则原因先发生，结果后发生。这样，原因可以很好地预测结果。格兰杰认为他所定义的因果关系与日常因果概念相同，定义为因果检验。

具体来说，格兰杰因果关系表述为对服从平稳随机过程的两个变量，如果利用变量 y_1、y_2 的过去和现在值预测 y_1 比不用 y_2 的过去和现在值预测的精度高，则 y_2 是 y_1 在格兰杰意义上的原因，两者存在格兰杰因果关系。

9.4.2 检验方法

设有平稳变量拟合如下模型

$$y_{1t} = c_1 + \alpha_1 y_{1t-1} + \cdots + \alpha_p y_{1t-p} + \beta_1 y_{2t-1} + \cdots + \beta_p y_{2t-p} + \varepsilon_t \tag{9.4.1}$$

提出假设 $H_0: \beta_1 = \beta_2 = \cdots = \beta_p = 0$；$H_1$：$\beta_1, \beta_2, \cdots, \beta_p$ 中有不为 0 的，再拟合模型：

$$y_{1t} = c_1 + \alpha'_1 y_{1t-1} + \cdots + \alpha'_p y_{1t-p} \tag{9.4.2}$$

构造统计量

$$F = \frac{(\text{RSS}_0 - \text{RSS}_1)/p}{\text{RSS}_1/(T-2p-1)} \sim F(p, T-2p-1) \tag{9.4.3}$$

其中，RSS_0 为模型式（9.4.2）的剩余平方和，RSS_1 为模型式（9.4.1）的剩余平方和。当 F 统计量值大于临界值，拒绝原假设，y_2 是 y_1 的格兰杰原因。

格兰杰因果关系的定义是从预测角度给出的，从式（9.4.1）和式（9.4.2）中可以看出，如果加入 y_2 对 y_1 的预测效果比不加入 y_2 的好，则 y_2 将是 y_1 的格兰杰原因。然而，经济学上所讲的因果关系指变量间有传导机制，是有作用关系的，有预测作用不一定代表有传导机制。例如，先有闪电、后有下雨，闪电对下雨有预测作用，但它不是下雨的原因。因此，在经济学实证中，不仅要证明变量间存在格兰杰因果关系，同时要说明变量间传导机制，这样，格兰杰因果检验的结果才是有意义的。

变量的平稳性问题也是格兰杰因果检验中要考虑的问题，格兰杰因果检验提出时的变量是平稳的，如果直接应用非平稳变量检验，结果可能会出现偏差。

9.5 误差修正模型（ECM）

误差修正模型（ECM）的主要形式由戴维森、亨德利、斯尔芭等人于 1978 年提出，它将变量之间的短期与长期联系有机地结合在一起。

若 $y=(y_1,y_2,\cdots,y_n,)'$，且$y_i \sim I(1)$，$i=(1,2,\cdots,n)$，则可称 $\{y_t\}$ 为向量单位根过程。第 9.3.3 小节讲述 JJ 检验中，用 VAR(p)模型推导出误差修正模型，见式（9.3.4）。

假定 y_t 的元素之间存在 k 个独立的协整关系，则对应的误差修正模型为

$$\begin{aligned}\Delta y_t &= \boldsymbol{\alpha} + \boldsymbol{\Gamma}_0 y_{t-1} + \boldsymbol{\Gamma}_1 \Delta y_{t-1} + \cdots + \boldsymbol{\Gamma}_{p-1} \Delta y_{t-p+1} + \varepsilon_t \\ &= \boldsymbol{\alpha} - \boldsymbol{\alpha\beta}' y_{t-1} + \boldsymbol{\Gamma}_1 \Delta y_{t-1} + \cdots + \boldsymbol{\Gamma}_{p-1} \Delta y_{t-p+1} + \varepsilon_t \end{aligned} \tag{9.5.1}$$

其中，$\boldsymbol{\Gamma}_0$ 为 $n\times n$ 矩阵；矩阵的秩为 r；r 就是协整关系个数；$\boldsymbol{\Gamma}_0=\alpha\beta'$；$\boldsymbol{\alpha}$ 为调整参数向量矩阵；$\boldsymbol{\beta}$ 为协整向量矩阵。

ECM 模型的含义如下。

第一，ECM 的被解释变量是 Δy_t，因此，它实际上是一个短期模型，反映了序列的短期波动 Δy_t 是如何被决定的。

第二，Δy_t 受系统其他变量的 $t-1$ 至 $t-p+1$ 期短期波动的影响；同时，它也受长期均衡关系的影响。$\beta' y_{t-1}$ 表示序列间长期均衡关系的拟合结果，即误差（残差）；当 $\boldsymbol{\alpha}>0$，意味着误差项前系数是负值，当残差项大于零时，实际值 y_t 大于由长期均衡水平决定的 $\hat{y}_t$，此时，负系数作用下，下一期 Δy_t 会减小并将序列值拉回到长期均衡水平；反之，当残差项为负值时，负系数的作用将使下一期 Δy_t 增加，再次将其拉回到长期均衡水平。这正是误差修正模型的意义之所在。

例 9.5.1 国际石油价格与其影响因素的误差修正模型。

接例 9.2.1，这里还可以进一步继续拟合 ECM 模型并对模型的稳定性进行检验。模型的拟合结果如图 9.5.1 所示，检验结果如图 9.5.2 所示。实验结果表明系数基本是显著的。

协整方程为

$$y_t = -802.637 - 0.012\,7x2_t + 0.000\,080\,6x3_t \tag{9.5.2}$$

误差修正模型为

$$\begin{aligned}\Delta y_t = &-0.39ecm + 0.12\Delta y_{t-1} - 0.085\Delta y_{t-2} + 0.003\,9\Delta x1_{t-1} \\ &+ 0.004\,7\Delta x1_{t-2} - 0.000\,016\Delta x2_{t-1} - 0.000\,021\Delta x2_{t-2} - 2.733\end{aligned} \tag{9.5.3}$$

Eviews 软件操作的过程如图 9.5.2 和图 9.5.3 所示，所得结果如图 9.5.1 所示。

Cointegrating Eq:	CointEq1
Y(-1)	1.000000
X1(-1)	0.012735
	(0.00282)
	[4.51974]
X2(-1)	-8.06E-05
	(1.1E-05)
	[-7.03188]
C	-802.6377

Error Correction:	D(Y)	D(X1)	D(X2)
CointEq1	-0.397000	2.316298	6588.467
	(0.23593)	(25.5106)	(3049.85)
	[-1.68273]	[0.09080]	[2.16026]
D(Y(-1))	0.120931	-1.693043	-3034.372
	(0.30036)	(32.4772)	(3882.73)
	[0.40263]	[-0.05213]	[-0.78150]
D(Y(-2))	-0.085323	14.42354	-5790.149
	(0.30095)	(32.5419)	(3890.46)
	[-0.28351]	[0.44323]	[-1.48829]
D(X1(-1))	0.003921	-0.037963	-67.82627
	(0.00503)	(0.54373)	(65.0040)
	[0.77982]	[-0.06982]	[-1.04342]
D(X1(-2))	0.004797	-0.409424	-30.89573
	(0.00477)	(0.51612)	(61.7036)
	[1.00496]	[-0.79327]	[-0.50071]
D(X2(-1))	1.62E-05	0.002630	0.299384
	(2.0E-05)	(0.00213)	(0.25520)
	[0.82305]	[1.23226]	[1.17315]
D(X2(-2))	-2.11E-05	-0.004562	0.368355
	(2.4E-05)	(0.00260)	(0.31127)
	[-0.87548]	[-1.75201]	[1.18339]
C	-2.733930	842.0349	94523.14
	(7.47243)	(807.989)	(96597.1)
	[-0.36587]	[1.04214]	[0.97853]

图 9.5.1　误差修正模型拟合结果

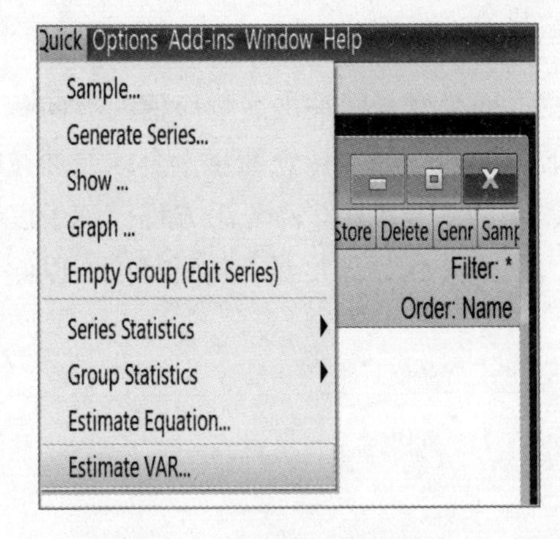

图 9.5.2　误差修正模型操作 1

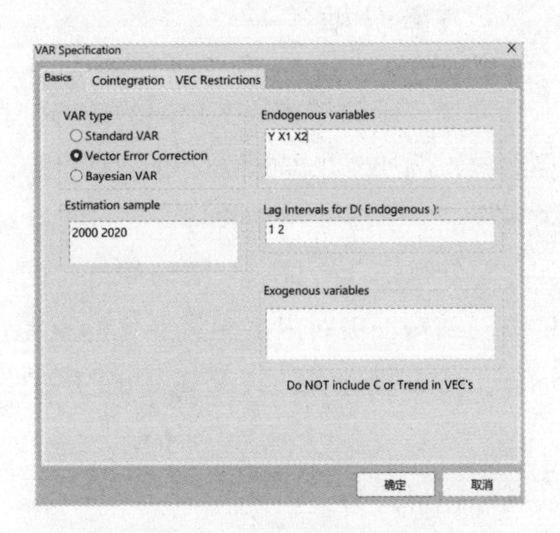

图 9.5.3　误差修正模型操作 2

9.6 脉冲响应函数和方差分解

9.6.1 脉冲响应函数

VAR 模型很好地描述了变量间存在的动态依存关系，例如，在 VAR 模型中，每个变量的 t 期值用系统中所有变量的 $t-1$ 到 $t-p$ 期值解释，在其中检测出的协整关系仅表示了变量间同期关系。为了进一步说明 VAR 模型中存在的动态关系，一般使用脉冲响应函数进行分析。

以两变量 VAR(2)为例，其模型为

$$X_t = a_1 X_{t-1} + a_2 X_{t-2} + b_1 Z_{t-1} + b_2 Z_{t-2} + \varepsilon_{1t} \quad (9.6.1)$$

$$Z_t = c_1 X_{t-1} + c_2 X_{t-2} + d_1 Z_{t-1} + d_2 Z_{t-2} + \varepsilon_{2t} \quad (9.6.2)$$

其中，$\{\varepsilon_{1t}\}$、$\{\varepsilon_{2t}\}$是白噪声序列，且相互独立。

在初始 0 期，假定 $\varepsilon_{10}=1$，$\varepsilon_{20}=0$，$X_{-1}=X_{-2}=Z_{-1}=Z_{-2}=0$，即在第 0 期给 ε_{1t} 一个冲击，则通过 VAR 系统中各变量间的关系有

$$X_0 = a_1 X_{-1} + a_2 X_{-2} + b_1 Z_{-1} + b_2 Z_{-2} + \varepsilon_{10} = 1$$

$$Z_0 = c_1 X_{-1} + c_2 X_{-2} + d_1 Z_{-1} + d_2 Z_{-2} + \varepsilon_{20} = 0$$

当 $t=1$ 时，$X_1 = a_1$，$Z_1 = c_1$；$t=2$ 时，$X_2 = a_1^2 + a_2 + b_1 c_1$，$Z_2 = c_1 a_1 + c_2 + d_1 c_1$。

这样，可得到（$X_0, X_1, \cdots, Z_0, Z_1, \cdots$），其被称为由 X 脉冲引起 X 及 Z 的响应函数。同样，也可以假定 $\varepsilon_{10}=0$，$\varepsilon_{20}=1$，得到由 Z 的脉冲引起 X 及 Z 的响应值。

虽然假定冲击来自于 ε_{10} 或 ε_{20}，但同时意味着 $X_0=1$ 或 $Z_0=1$，所以，一般将之表述为来自 X 或 Z 的一个单位的冲击后，X、Z 的响应值是怎样的，具有更好的经济意义角度的解释。脉冲响应函数利用了 VAR 模型滞后多阶关系，很好地描述了变量间的动态关系。

9.6.2 方差分解

脉冲响应函数描述的变量间的动态依存关系，而且变量间冲击后响应值的方向和量存在差异，例如，在国际原油价格变化中，来自其自身、原油持仓数量、全球原油量的冲击发生后，响应值存在差异，不同变量对其影响的差异大小，需要用方程分解予以说明。方差分解是分析每一个结构冲击对内生变量变化（用方差度量）的贡献度，以此来评价不同结构冲击对内生变量变化的重要性。

$\{\boldsymbol{y}_t\}$ 是 K 维向量，其 VAR（p）模型为

$$\boldsymbol{y}_t = \boldsymbol{A}_1 \boldsymbol{y}_{t-1} + \boldsymbol{A}_2 \boldsymbol{y}_{t-2} + \cdots + \boldsymbol{A}_p \boldsymbol{y}_{t-p} + \varepsilon_t \quad (9.6.3)$$

其简化形式为

$$\boldsymbol{A}(L)\boldsymbol{y}_t = \varepsilon_t \quad (9.6.4)$$

若 A(L)的根都在单位圆外，则式（9.6.3）和式（9.6.4）满足可逆条件，可以表示为无穷阶的向量滑动平均模型［VAR(∞)］，即

$$\boldsymbol{y}_t = \boldsymbol{C}(L)\varepsilon_t \tag{9.6.5}$$

则

$$\boldsymbol{A}(L)^{-1} = \boldsymbol{C}(L), \boldsymbol{C}(L) = \boldsymbol{C}_0 + \boldsymbol{C}_1 L + \boldsymbol{C}_2 L^2 + \cdots$$

$$\boldsymbol{y}_t = (\boldsymbol{C}_0 + \boldsymbol{C}_1 L + \boldsymbol{C}_2 L^2 + \cdots)\varepsilon_t$$

$\boldsymbol{y}_t$的第 i 个变量 $\boldsymbol{y}_{it}$ 方程可以写成

$$\boldsymbol{y}_{it} = \sum_{j=1}^{k} (\boldsymbol{C}_{ij}{}^{(0)}\varepsilon_{jt} + \boldsymbol{C}_{ij}{}^{(1)}\varepsilon_{jt-1} + \boldsymbol{C}_{ij}{}^{(2)}\varepsilon_{jt-2} + \boldsymbol{C}_{ij}{}^{(3)}\varepsilon_{jt-3} + \cdots) \tag{9.6.6}$$

以 $j=1$ 为例，表示 $\boldsymbol{y}_{1t}$ 的 $t-1$ 到 $t-p$ 的 AR(p)模型转化为 MA(∞)。

求括号内影响值的方差为

$$E[(\boldsymbol{C}_{ij}{}^{(0)}\varepsilon_{jt} + \boldsymbol{C}_{ij}{}^{(1)}\varepsilon_{jt-1} + \boldsymbol{C}_{ij}{}^{(2)}\varepsilon_{jt-2} + \boldsymbol{C}_{ij}{}^{(3)}\varepsilon_{jt-3} + \cdots)^2] = \sum_{q=0}^{\infty} (\boldsymbol{C}_{ij}{}^{(q)})^2 \sigma_{jj} \tag{9.6.7}$$

假定扰动项向量的协方差矩阵是对角矩阵，则 $\boldsymbol{y}_i$ 的方差是上述 k 个方差的简单求和，即

$$\operatorname{var}(\boldsymbol{y}_i) = \sum_{j=1}^{k} \left\{ \sum_{q=0}^{\infty} (\boldsymbol{C}_{ij}{}^{(q)})^2 \sigma_{jj} \right\} \tag{9.6.8}$$

这样，任意变量对 y_i 方差的贡献率为

$$\mathrm{RVC}_{j\to i} = \frac{\sum_{q=0}^{\infty} (\boldsymbol{C}_{ij}{}^{(q)})^2 \sigma_{jj}}{\mathrm{Var}(\boldsymbol{y}_i)} = \frac{\sum_{q=0}^{\infty} (\boldsymbol{C}_{ij}{}^{(q)})^2 \sigma_{jj}}{\sum_{j=1}^{k} \left\{ \sum_{q=0}^{\infty} (\boldsymbol{C}_{ij}{}^{(q)})^2 \sigma_{jj} \right\}}, i, j = 1, 2, \cdots, k \tag{9.6.9}$$

其中，$0 \leqslant \mathrm{RVC}_{j\to i}(s) \leqslant 1$；$\sum_{j=1}^{k} \mathrm{RVC}_{j\to i}(s) = 1$。

式（9.6.7）显示，以 $j=1$ 为例，分母 $\sum_{q=0}^{\infty} (\boldsymbol{C}_{jj}^{(q)})^2 \sigma_{11}$ 是第一个 MA(∞) 模型对应的方差，在实际应用中可以将无穷阶转化为有限阶数，例如，当 $q=2$ 时，表示只取 $q=(0,1,2)$ 期，这样，可以顺次往下计算，当 q 值确定后，$\sum \mathrm{RVC}_{j\to i} = 1$。所以，方差分解表的横行的合计为 1。

例 9.6.1 国际石油价格与其影响因素的脉冲响应函数及方差分解。

接例 9.2.1，在拟合 VAR 模型的基础上可以做出脉冲响应图和方差分解进行进一步分析，结果见图 9.6.1 和表 9.6.1。

图 9.6.1 分别显示了 y、$x1$、$x2$ 受到其他变量冲击后的响应值，因为前面的协整关系中显示了 y 用 $x2$、$x3$ 解释，所以，一般只解释 y 受到自身及 $x2$、$x3$ 冲击后的响应值即可。来自石油价格一个单位冲击后，未来石油价格是降低的，一直到第 6 期后趋于稳定；前期价格上涨后，后期价格会下跌，显示了市场的价格调节机制，影响幅度较大。

来自原油产量一个单位冲击后，国际原油价格会有所下降，3 期后下降幅度减小，大约 7 期之后，国际原油价格开始回升；原油量增加后，价格自然降低。来自原油持仓数量一个单位冲击后，国际原油价格会有小幅度上升，4 期后趋于稳定，持仓数量是供给的限制，价格自然升高，但影响幅度不大。

可见，三个变量冲击后，国际原油价格响应值的方向和量均存在差异。脉冲响应很好地描述了变量间动态依存关系，符合现实经济运行情况。

脉冲相应的 eviews 软件操作如图 9.6.2 和图 9.6.3 所示，在 VAR 模型估计页面执行“view”命令进行相关操作，得到如图 9.6.1 的结果。

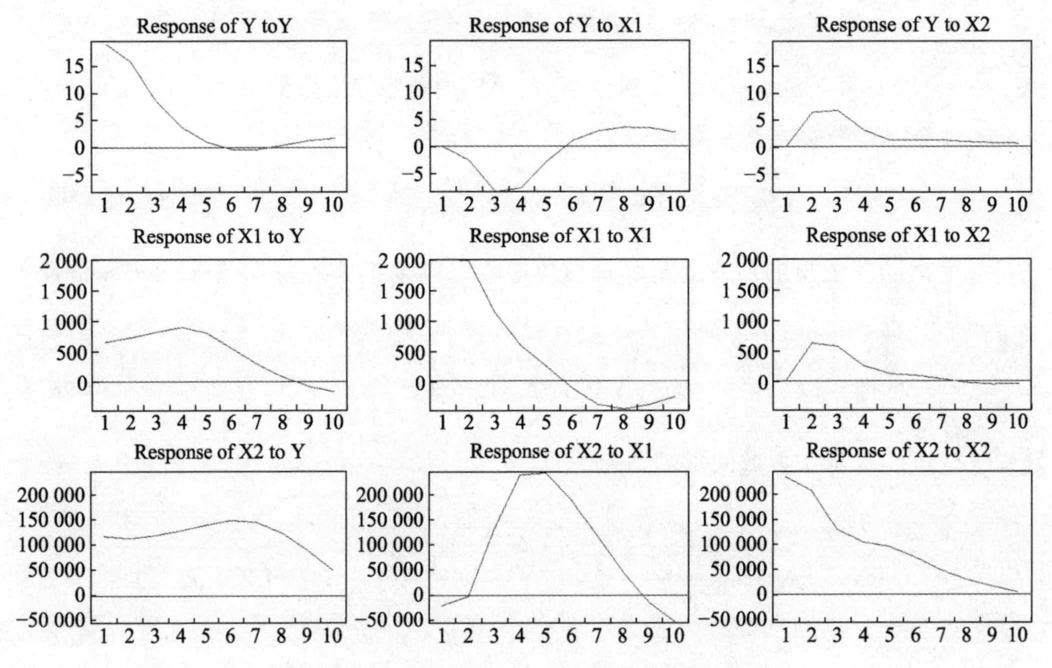

图 9.6.1 国际石油价格与其影响因素的脉冲响应

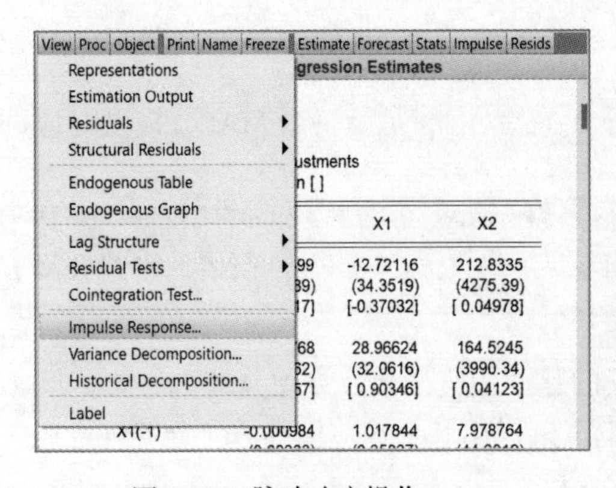

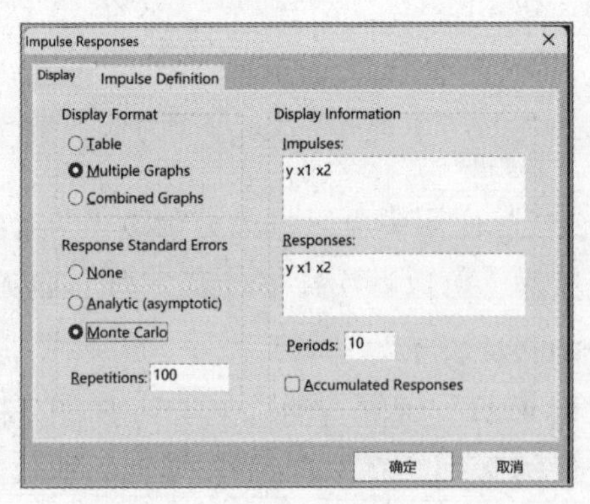

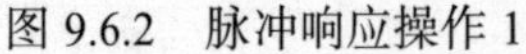

图 9.6.2 脉冲响应操作 1　　图 9.6.3 脉冲响应操作 2

国际原油价格的方差分解结果如图 9.6.4 所示，可以发现，对国际石油价格来说，全球石油产量和 CFTC 原油持仓数量的方差贡献度都从第一期后才开始出现并不断上涨，且在第四期后趋于稳定。从贡献度大小来看，全球石油产量对国际石油价格的方差贡献度明显高于 CFTC 原油持仓数量。

Variance Decomposition of Y:

Period	S.E.	Y	X1	X2
1	19.62430	100.0000	0.000000	0.000000
2	26.36116	93.09346	0.942392	5.964151
3	29.77777	81.43408	8.687452	9.878469
4	31.15341	75.86165	14.11674	10.02161
5	31.31654	75.17913	14.75912	10.06175
6	31.36008	74.97928	14.84245	10.17826
7	31.51860	74.23549	15.53460	10.22991
8	31.73803	73.23734	16.58361	10.17904
9	31.96291	72.38387	17.52688	10.08925
10	32.12520	71.96499	18.00945	10.02556

图 9.6.4　国际石油价格方差分解表

方差分解的 Eviews 软件操作如图 9.6.5 和图 9.6.6 所示，在 VAR 模型估计页面执行“view”命令进行相关操作，可以得到如图 9.6.4 的结果。

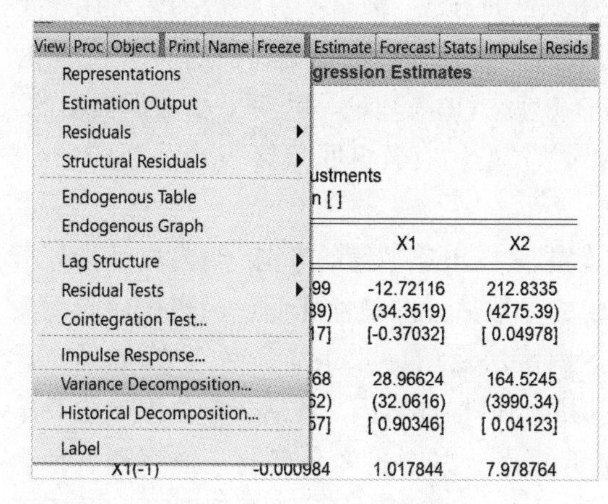

图 9.6.5　方差分解操作 1

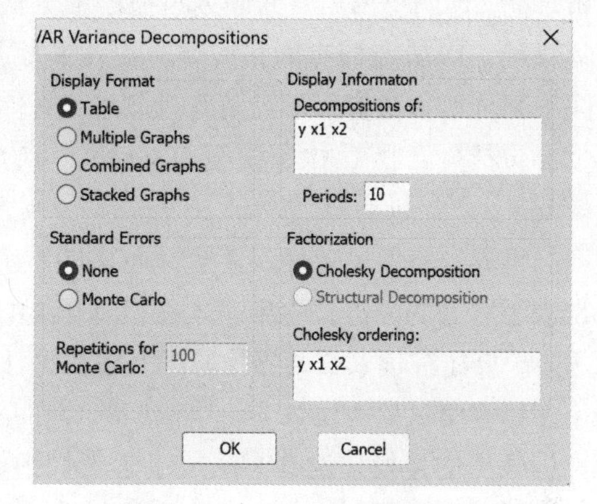

图 9.6.6　方差分解操作 2

自学自测　扫描此码

第 10 章

平滑转换自回归模型

10.1 非线性检验

10.1.1 非线性时间序列分析的发展

时间序列计量经济学起源于20世纪40年代威纳和柯尔莫戈洛夫提出的时间序列分析理念。他们提出了时间序列模型的参数估计及推断方法，但这些方法最初多应用于工程领域。1976年博克斯和詹金斯发表了专著《时间序列分析：预测和控制》，开始将时间序列分析方法应用于经济管理领域，简称B-J理论。B-J理论是针对平稳数据提出的，主要包括自回归（AR）模型、移动平均（MA）模型，以及自回归移动平均（ARMA）模型等。

世界经济的迅速发展使越来越多的经济数据呈现出非平稳的态势，给古典计量分析带来了重大的冲击，主要表现在：基于OLS的参数估计准确性降低、出现伪回归现象等。计量经济学家开始寻找原因及解决方法，内博尔德（Newbold）和格兰杰（Granger）用蒙特卡洛试验方法证实，单位根的存在是伪回归的根本原因。此后，单位根检验及单位根数据的建模理论和方法成了学者们的研究重点。其中最为著名的是迪克和富勒于1979年提出的DF检验，以及恩格尔和格兰杰于1987年提出的协整检验理论。此后近十年里，单位根及协整检验方法被广泛地应用到经济学的实证研究中。

然而，协整模型作为线性模型，也逐渐呈现出它的局限性，许多经济现象不再能用线性模型描述。随着分析需求的日益复杂，各种非线性时间序列模型如雨后春笋般涌现出来，它们往往具有更复杂的模型形式，需要借助各种统计软件和程序来实现复杂的参数估计，但由于它们能更好地描述经济的运行规律而被广泛应用。根据非线性时间序列模型呈现出的特征可以将这些模型归纳为“突变型”和“时变型”，其中，“突变型”非线性时间序列模型的共性在于他们的非线性动态特征都体现在“分段”的行为上，通过寻找几个“拐点”将整体分割为不同的机制，在每个机制中分别进行线性回归，而这类模型各自的特点则主要体现在不同机制的划分标准或转换过程上。有的模型的机制是跳跃的，有的模型的机制是平衡转换的，这类模型主要包括门限自回归模型、马尔科夫机制转换模型、平滑转换自回归模型等。“时变型”非线性时间序列模型则意味着模型中的参数会随时间发生变化，其中较为典型的有随机波动模型和时变参数模型。随机波动模型假定变量的条件方差是随时间变化的，而时变参数模型则更为广泛地假设包括解释变量的系数在内的模型参数都可以随时间变化。因此，相比“突变型”模型，“时变型”模型在捕捉变化方面的灵活性大大提高，同时带来的问题是传统的线性模型的参数估计方法已经远远不能对这些时变的参数进行估计，而且对这类非线性模型的参数进行估计的技术难度也大大提高。接下来的几章，本书将对几种常用的非线性时间序列模型进行概述。

10.1.2　非线性检验

在阐述具体的非线性模型之前，需要讨论检验非线性存在的方法。检验非线性的存在可以避免过度拟合数据，这些方法不能说明非线性形式，只能说明具有非线性特征。

1. ACF 与 McLeod-Li 检验

在估计 ARMA(p,q)模型时，自回归函数（ACF）有助于选择合适的模型阶数 p 和 q，而残差的 ACF 是一个重要的检验工具。但是，线性模型中用到的 ACF 对非线性模型可能具有误导性，因为 ACF 度量的是 y_t 与 y_{t-k} 之间的线性相关程度。因此，ACF 可能检测不出数据存在重要的非线性关系。数据之间的非线性关系可能存在于 y_t^2 或 y_t^3 等之间，这样，样本 ACF 值很小，人们可能会得出序列是白噪声的错误结论。格兰杰和泰雷斯维尔塔于 1993 年著文指出，来自于混沌（chaos）的 ACF 有可能预示着白噪声，但序列平方值的 ACF 值较大。如果一个非发散的序列是由确定性差分方程生成的，且这个序列不收敛于恒定的数，或不收敛于往复的循环，则这个序列是混沌的。考察下面的混沌过程：

$$y_t = 4y_{t-1}(1-y_{t-1}), 0 < y_1 < 1 \tag{10.1.1}$$

式（10.1.1）中，y_t 与序列本身水平和 y_{t-1} 的平方有关，但是，y_t 的 ACF 值较小，而 y_t^2 的 ACF 值较大。假设 $y_1 = 0.7$，$\{y_t\}$的其余 99 个值由式（10.1.1）生成。利用$\{y_t\}$序列计算其前 6 期 ACF 值分别为–0.074、–0.072、0.008、0.032、–0.016、–0.03。可见，ACF 值说明，$\{y_t\}$序列原始值间是独立的，然而，y_t^2 与 y_{t-1}^2 之间的相关系数为–0.281，y_t^3 与 y_{t-1}^3 之间的相关系数为–0.386。

针对数据中被忽视的非线性特征，可以利用序列的 2 次方或 3 次方的 ACF 检测出来。McLeod-Li 于 1983 年检验探索了线性方程的残差平方是否存在显著自相关，它的基本思想是：如果序列间存在非线性关系，而用线性模型拟合序列时，未拟合出的非线性特征会在残差项中体现出来。为了进行这一检验，需要用最优拟合的线性模型估计序列，得到残差序列$\{\hat{e}_t\}$，用 ρ_i 表示残差平方 $\hat{e}_t^2$ 和 $\hat{e}_{t-i}^2$ 之间的相关系数后可以提出以下假设。

H_0：$\rho_1 = \rho_2 = \cdots = \rho_n = 0$。

H_1：$\rho_1, \rho_2, \cdots, \rho_n$ 至少有一个不为零。

运用 Ljung-Box 统计量确定残差项是否呈现序列相关，因此，得到以下统计量：

$$Q = T(T+2)\frac{\sum_{i=1}^{n}\rho_i^2}{T-i} \tag{10.1.2}$$

如果$\{\hat{e}_t^2\}$序列不相关，则 Q 是渐近服从自由度为 n 的 χ^2 分布，拒绝原假设等价于接受模型是非线性的假设。这个检验无法给出非线性特征的实际形式，拒绝线性的原假设告诉我们存在非线性。此外，也可以估计回归方程，即

$$\hat{e}_t^2 = a_0 + a_1\hat{e}_{t-1}^2 + \cdots + a_n\hat{e}_{t-n}^2 + v_t \qquad (10.1.3)$$

如果不存在非线性特征，则 a_1 到 a_n 为零，检验统计量 TR^2 收敛于自由度为 n 的 χ^2 分布。

2. 拉格朗日乘数检验

拉格朗日乘数（LM）检验能够被用于检验特定的非线性类型。因此，LM 检验有助于选择应用于非线性估计的合适的函数形式。为便于分析，需要假设$\{\varepsilon_t\}$的方差恒定，即 $\mathrm{var}(\varepsilon_t)=\sigma^2$，令 $f(\cdot)$ 表示非线性函数形式，α 表示 $f(\cdot)$ 的参数。在这些条件下，LM 检验可以通过以下步骤进行处理。

第 1 步：估计模型的线性部分，获取残差$\{e_t\}$。

第 2 步：求在原假设为线性的条件下计算的偏导数 $\partial f(\cdot)/\partial\alpha$。这些偏导数将是第 1 步出现的回归变量的非线性函数。估计 e_t 关于这些偏导数进行回归的辅助回归方程。

第 3 步：TR^2 服从自由度为第 2 步的辅助回归方程中回归变量个数的 χ^2 分布，如果得到的 TR^2 值大于 χ^2 分布的临界值则拒绝线性的原假设，接受备择假设。

这个方法的优越性在于不需要估计非线性模型本身。更重要的是，若干 LM 检验的应用能够帮助人们选择非线性模型的形式。

例 10.1.1 假设$\{y_t\}$的生成过程为

$$y_t = a_0 + a_1y_{t-1} + a_2y_{t-2} + a_3y_{t-1}y_{t-2} + \varepsilon_t \qquad (10.1.4)$$

为利用 LM 检验$\{y_t\}$序列的非线性特征，首先，拟合 AR（2）模型，得到残差序列$\{e_t\}$；接着，求非线性函数的偏导数，有

$$\frac{\partial y_t}{\partial a_0}=1;\ \frac{\partial y_t}{\partial a_1}=y_{t-1};\ \frac{\partial y_t}{\partial a_2}=y_{t-2};\ \frac{\partial y_t}{\partial a_3}=y_{t-1}y_{t-2}$$

最后，做 e_t 关于偏导数的辅助回归，有

$$e_t = b_0 + b_1y_{t-1} + b_2y_{t-2} + b_3y_{t-1}y_{t-2}$$

得到 TR^2 的样本统计值，如果这个值超过了自由度为 4 的 χ^2 分布的临界值，则拒绝线性的原假设，接受非线性的备择假设。当然，也可以运用联合假设 $b_0=b_1=b_2=b_3=0$ 的 F 检验进行非线性检验。

10.2 STAR 模型

非线性时间序列模型的应用越来越广泛，其中，机制转换的模型应用得最多，它描述了变量从一种状态转移到另一种状态的情况，包括阈值自回归模型（threshold autoregressive，TAR）、马尔科夫链（Markov chain，MC）、平滑转换自回归模型（smooth transition autoregressive，STAR）等。与前两种模型相比，STAR 模型描述的状态转移是平滑的，而不是间断的、跳跃的。

STAR 模型由格兰杰和泰雷斯维尔塔于 1993 年、泰雷斯维尔塔于 1998 年分别提出，

它描述了被解释变量从一条回归线平滑转换到另一条回归线的状态，单变量 STAR(p) 模型的基本形式如式（10.2.1）所示。

$$
\begin{aligned}
y_t &= (\phi_{1,0} + \phi_{1,1} y_{t-1} + \cdots + \phi_{1,p} y_{t-p})(1 - G(s_t; r, c)) \\
&\quad + (\phi_{2,0} + \phi_{2,1} y_{t-1} + \cdots + \phi_{2,p} y_{t-p}) G(s_t; r, c) + \varepsilon_t
\end{aligned}
\tag{10.2.1}
$$

一般也可以采取式（10.2.2）的简化形式如下。

$$
y_t = \phi_1' x_t + \phi_2' x_t G(s_t; r, c) + \varepsilon_t \tag{10.2.2}
$$

其中，$x_t = (1, \tilde{x}_t')'$，$\tilde{x}_t = (y_{t-1}, \cdots, y_{t-p})'$，$\Psi_i' = (\phi_{i,0}, \phi_{i,1}, \cdots, \phi_{i,p})', i = (1,2)$。

$G(s_t; r, c)$ 是连续函数，在 0~1 之间变动。s_t 是转换变量，它是导致 y_t 由一种变化转换为另一种变化的变量，单变量分析中，s_t 可以选择 y_{t-d}（d 为滞后期），也可以选择时间项 t；c 被称为位置参数，是导致 y_t 变化的具体位置。在式（10.2.1）中，根据 $G(\cdot)$ 形式的不同，常见的有 LSTAR、ESTAR 等。若 $G(\cdot)$ 采取 logistic 函数形式，有

$$
G(s_t; r, c) = \{1 + \exp[-r(s_t - c)]\}^{-1} \tag{10.2.3}
$$

其中，r 被称为斜率参数，要求 $r > 0$。进一步研究可以发现，LSTAR 模型的最大特点体现在其 $G(\cdot)$ 函数上，参数 r、c 决定了 $G(\cdot)$ 的变化情况。r 是 $G(\cdot)$ 中指数函数的斜率，r 越大，$G(\cdot)$ 越大，y_t 变化的幅度越快。图 10.2.1 是 logistic 函数在转换速度 r 分别取 0.1、1、10，转换位置 $c = 2$ 时的图形。当 $s_t < c$ 时，e 的指数是正值，所以，$G(\cdot)$ 很小，当指数趋于 ∞ 时，$G(\cdot)$ 趋于 0；当 $s_t > c$ 时，y_{t-d} 的指数是负值，$G(\cdot)$ 很大，指数趋于 ∞ 时，$G(\cdot)$ 趋于 1。显然，在原有的线性模型（AR 模型）的基础上，加入了非线性因素后，序列的变化不再是持续恒定的，在 c 值前后，数据的变化会显示出不同，这也正是 LSTAR 模型的本质。以 LSTAR(1) 为例，见式（10.2.4），说明其变动规律。

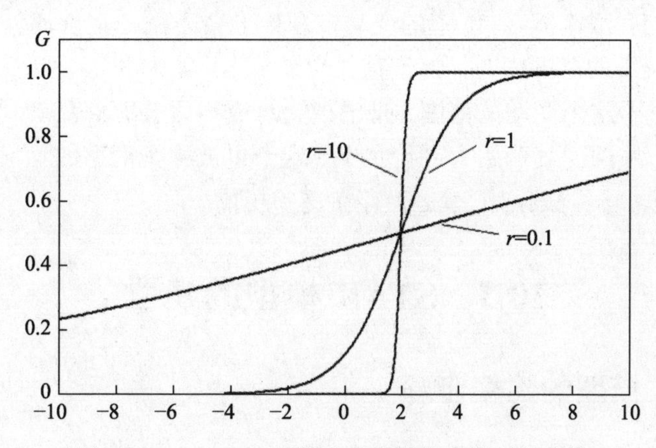

图 10.2.1 logistic 函数在不同转换速度下的曲线

$$
y_t = \theta_0 + \theta_1 y_{t-1} + \theta_2 y_{t-1} G(\cdot) + \varepsilon_t \tag{10.2.4}
$$

从式（10.2.4）中可以看出，$G(\cdot)$ 的取值在（0,1）之间，用这个变动的系数修正式（10.2.4）中系数 θ_1，从而拟合 y_t 的非线性变动规律。

在 LSTAR 模型中，两个机制通过转换变量 s_t 的较小的值（$s_t < c$）和 s_t 的较大的值（$s_t > c$）被联系起来。这种机制转换模型可以被使用在高低机制转换的现象分析中，

在$s_t < c$和$s_t > c$处，将变量区分为低、高区制，例如，紧缩与扩张的区分等可以根据r及c的不同描述现象在两种机制间转换的速度及位置。LSTAR 模型描述的现象是非对称的。

如果$G(\cdot)$采取 exponential 函数形式，有

$$G(s_t;r,c)=1-\exp\{-r(s_t-c)^2\} \tag{10.2.5}$$

则其被称为 ESTAR。在 ESTAR 模型中，当$s_t \to +\infty$和$s_t \to -\infty$时，均有G=1，ESTAR 模型变成相同的线性模型，在转折点$s_t = c$处，$G = 0$，因此，ESTAR 模型中存在一个外制度（outer regime）和一个内制度（middle regime），当$y_{t-d} \to \pm\infty$，对应的是外制度，$y_{t-d} \to c$时则对应内制度，因此，ESTAR 模型描述的是对称现象。图 10.2.2 是指数函数在转换速度r分别取 0.1、1、10，转换位置$c = 2$时的图形。

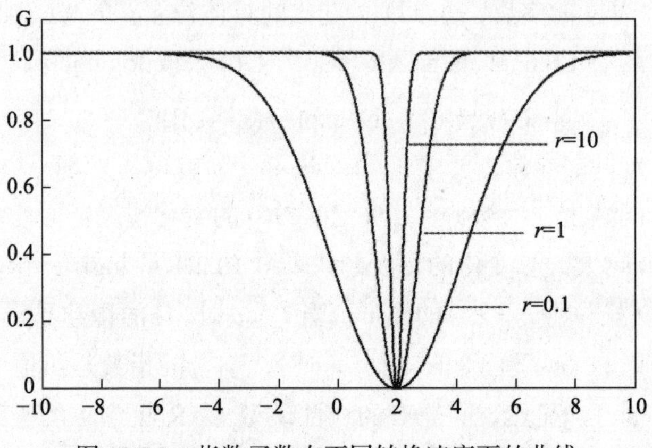

图 10.2.2　指数函数在不同转换速度下的曲线

ESTAR 常用来描述真实汇率偏离其购买力平价的变动行为。由于存在交易成本（如运输成本、货物储存成本等），汇率的变动在理论上会遵循一定规律。当汇率偏离其购买力平价在一个较小的范围内时，由于存在交易成本，套利不会发生，此时，真实利率不会发生变动；过了这个变动的范围，抵消掉交易成本后会有商品套利发生，由此会导致真实利率变动，并回到其购买力平价水平。这个也被称为汇率的均值回复现象，人们常用这个模型验证一国对某国汇率是否存在这一规律。

10.3　STAR 模型的建立

10.3.1　STAR 模型的建模步骤

目前，*STAR* 模型的建模技术和程序已经发展得很成熟，包括模型设定、参数估计、检验等，以式（10.3.1）为例说明建模步骤，具体如下

$$y_t=\alpha_1+\sum_{j=1}^{p}\beta_{1j}y_{t-j}+(\alpha_2+\sum_{j=1}^{p}\beta_{2j}y_{t-j})G(s_t;r,c)+u_t \tag{10.3.1}$$

1. 线性 AR 模型阶数 p 的确定

在对单变量建模之前先要进行平稳性检验。如果序列是平稳的就用原始值拟合；如

果是非平稳的则要用差分值拟合。先对序列建立 AR 模型并确定其阶数 p 。根据格兰杰等人于 1993 年的建议，滞后阶数 p 的选择方法是先计算序列的 ACF、PACF，选择相关性强的滞后期建立模型，在误差项不存在自相关的情况下根据 AIC 的最小值确定模型线性部分的最优阶数 p 。

2. 线性检验和转换变量滞后期 *d* 的确定

由于转换函数 $G(\cdot)$ 的非线性形式会使 r 不可识别，线性检验基于 $G(\cdot)$ 的三阶泰勒展式进行，例如，LSTAR 模型的三阶泰勒展开式为

$$y_t = \alpha + \sum_{j=1}^{p} \beta_{1j} y_{t-j} + \sum_{j=1}^{p} \beta_{2j} y_{t-j} y_{t-d} + \sum_{j=1}^{p} \beta_{3j} y_{t-j} y_{t-d}{}^2 + \sum_{j=1}^{p} \beta_{4j} y_{t-j} y_{t-d}{}^3 + u_t \quad (10.3.2)$$

所谓的线性检验是提出假设，以此表明序列是否需要用非线性模型表示。

$$\begin{aligned} &H_{01}: \beta_{2j} = \beta_{3j} = \beta_{4j} = 0 \\ &H_{11}: \beta_{2j}, \beta_{3j}, \beta_{4j}\text{至少有一个不为零}, j = 1, 2, \cdots, p \end{aligned} \quad (10.3.3)$$

拒绝原假设，即为非线性模型。在 H_0 成立时，利用两个模型的残差平方和有无显著差异进行检验，即

$$F = \frac{(Q_1 - Q_0) / p + 1}{Q_0 / T - 4p - 1} \sim F(p + 1, T - 4p - 1) \quad (10.3.4)$$

滞后期 d 的取值为大于等于 1 的整数，需要不断试验，选取拒绝 H_0 对应的 d 为合适的滞后期，如果有多个 d 值拒绝原假设则选择最小概率所对应的 d 值。这是因为拒绝该原假设具有比其余几个备选模型更强的理由。转换变量也可以考虑外生变量，确定方法是一样的。

3. 非线性模型形式的确定

在拒绝线性假设后，继续进行检验以选择 $G(\cdot)$ 的具体形式，即判断其是 LSTAR 还是 ESTAR。ESTAR 的一阶泰勒展式如式（10.3.5）所示，LSTAR 模型的一阶泰勒展式（10.3.6）所示，可见，它们被包含在 LSTAR 的三阶泰勒展式中。

$$y_t = \alpha + \sum_{j=1}^{p} \beta_{1j} y_{t-j} + \sum_{j=1}^{p} \beta_{2j} y_{t-j} y_{t-d} + \sum_{j=1}^{p} \beta_{3j} y_{t-j} y_{t-d}{}^2 + u_t \quad (10.3.5)$$

$$y_t = \alpha + \sum_{j=1}^{p} \beta_{1j} y_{t-j} + \sum_{j=1}^{p} \beta_{2j} y_{t-j} y_{t-d} + u_t \quad (10.3.6)$$

因此，可以用 LSTAR 的三阶泰勒展式进行检验，无须事先知道转换函数的形式，但是，必须事先知道转换变量。这个检验是序贯性的，先进行 H_{04}、再进行 H_{03} 以及 H_{02} 检验。

$$\begin{aligned} &H_{04}: \beta_{4j} = 0 \\ &H_{03}: \beta_{3j} = 0 / \beta_{4j} = 0 \\ &H_{02}: \beta_{2j} = 0 / \beta_{3j} = \beta_{4j} = 0 \end{aligned}$$

如果拒绝 H_{04}，应该选择 LSTAR 模型；如果接受 H_{04} 而拒绝 H_{03}，则是 ESTAR 模

型；如果接受 H_{04} 和 H_{03} 而拒绝 H_{02}，则是 LSTAR 模型，检验使用的统计量仍然是基于残差平方和的统计量。

10.3.2 STAR 模型的参数估计与检验

作为一种非线性模型，STAR 模型的参数估计要用到非线性最小二乘法（NLS）。

1. NLS 估计一般原理

设一般回归方程为

$$y_t = f(x_t, \beta) + u_t,\ t = 1, 2, \cdots, T \tag{10.3.7}$$

其中，k 维参数向量 $\beta = (\beta_1, \beta_2, \cdots, \beta_k)'$。

最小二乘估计是要选择参数向量 β 的估计值 b，使残差平方和 $S(b)$ 最小，即

$$S(b) = \sum_{t=1}^{T}[y_t - f(x_t, b)]^2 \tag{10.3.8}$$

对每个参数分别求偏导，并令偏导数为 0，然后就可以得到参数估计值，即

$$\frac{\partial S(b)}{\partial b_i} = -2\sum_{t=1}^{T}[y_t - f(x_t, b)]\frac{\partial f(x_t, b)}{\partial b_i} = 0,\ i = 1, 2, \cdots, k \tag{10.3.9}$$

如果 f 关于参数的导数不依赖参数 β，则可称模型为参数线性的；反之，则是参数非线性的。显然，STAR 模型是参数非线性的，关于 β, r, c 的偏导中都包含其他参数，式（10.3.1）是无法被直接求解的。

一般使用非线性最小二乘方法估计这类方程，为了使残差平方和 $S(b)$ 最小，有多种方法，牛顿–拉夫森方法是最常用的一种。假定式（10.3.7）中只有一个参数，即 $k = 1$，将式（10.3.7）在初值 $b^{(0)}$ 处进行直到二阶的泰勒展开，即

$$S(b) \approx S(b^{(0)}) + \left.\frac{\mathrm{d}S(b)}{\mathrm{d}b}\right|_{b=b^{(0)}} (b - b^{(0)})^2 \tag{10.3.10}$$

使式（10.3.10）最小的一阶条件是

$$b = b^{(0)} - \left(\left.\frac{\mathrm{d}^2 S(b)}{\mathrm{d}b^2}\right|_{b=b^{(0)}}\right)^{-1} \cdot \left.\frac{\mathrm{d}S(b)}{\mathrm{d}b}\right|_{b=b^{(0)}} \tag{10.3.11}$$

当给定迭代的初值 $b^{(0)}$ 后，利用式（10.3.11）可以得到新的值 $b^{(1)}$，这样反复迭代直至连续两次的参数估计值相差小于给定的确定的标准 δ，$\delta > 0$，即 $|b^{(t+1)} - b^{(t)}| < \delta$，表示迭代收敛。所得到的 $b^{(t)}$ 即为位置参数 β 的 NLS 估计值。

因此，将残差平方和 $S(b)$ 进行二阶泰勒展开，通过不断迭代求得估计值。当式（10.3.5）中含有多个参数时，即 $k > 1$ 时，牛顿–拉夫森法中参数向量通过下式进行迭代。

$$b^{(t+1)} = b^{(t)} - H_t^{-1} \cdot g_t \tag{10.3.12}$$

其中 $H_t = H(b^{(t)}) = \left.\frac{\partial^2 S(b)}{\partial b \partial b'}\right|_{b=b^{(t)}}$，$g_t = g(b^{(t)}) = \left.\frac{\partial S(b)}{\partial b}\right|_{b=b^{(t)}}$。

当转换变量及转移函数形式被确定后，下一步就要对模型参数进行估计。下面以模型式（10.3.13）为例给出参数估计的方法，其他形式的模型也可以适用。

$$y_t = \phi_1' x_t (1 - G(s_t; r, c)) + \phi_2' x_t G(s_t; r, c) + \varepsilon_t \tag{10.3.13}$$

并设

$$F(x_t; \theta) = \phi_1' x_t (1 - G(s_t; r, c)) + \phi_2' x_t G(s_t; r, c) \tag{10.3.14}$$

对模型（10.3.13）的参数估计采用非线性最小二乘法（NLS），这样，参数 $\theta = (\phi_1', \phi_2', r, c)'$ 可以被估计为

$$\hat{\theta} = \arg\min_{\theta} Q_T(\theta) = \arg\min_{\theta} \sum_{t=1}^{T} (y_t - F(x_t; \theta))^2 \tag{10.3.15}$$

其中，ε_t 服从正态分布。NLS 相当于极大似然估计，其估计结果满足一致性，而且是渐近正态分布，即

$$\sqrt{T}(\hat{\theta} - \theta_0) \to N(0, \boldsymbol{C}) \tag{10.3.16}$$

其中，θ_0 是估计参数的真值，$\boldsymbol{C}$ 是 $\hat{\theta}$ 的渐近协方差矩阵，可以被表示为 $\hat{A}_T^{-1} \hat{B}_T \hat{A}_T^{-1}$，其中，$\hat{A}_T^{-1}$、$\hat{B}_T$ 可以表示

$$\hat{A}_T = -\frac{1}{T} \sum_{t=1}^{T} \nabla^2 Q_t(\hat{\theta}) = \frac{1}{T} \sum_{t=1}^{T} (\nabla F(x_t; \hat{\theta}) \nabla F(x_t; \hat{\theta})' - \nabla^2 F(x_t; \hat{\theta}) \hat{\varepsilon}_t) \tag{10.3.17}$$

$$\hat{B}_T = \frac{1}{T} \sum_{t=1}^{T} \nabla Q_t(\hat{\theta}) \nabla q_t(\hat{\theta})' = \frac{1}{T} \sum_{t=1}^{T} \hat{\varepsilon}_t^2 \nabla F(x_t; \hat{\theta}) \nabla F(x_t; \hat{\theta})' \tag{10.3.18}$$

参数估计的实现可以通过使用任何常用的非线性优化方法得到，只是需要注意的是参数初始值的确定。可以注意到，当参数 r、c 固定时，式（10.3.11）中的 STAR 模型需要估计的只有参数 ϕ_1 和 ϕ_2，也就是说，在 r、c 确定时，参数 $\phi = (\phi_1', \phi_2')'$ 可以通过最小二乘法估计。

$$\hat{\phi}(r, c) = \sum_{t=1}^{T} (x_t(r, c) x_t(r, c)')^{-1} \sum_{t=1}^{T} (x_t(r, c) y_t) \tag{10.3.19}$$

其中，$x_t(r, c) = (x_t'(1 - G(s_t; r, c)), x_t' G(s_t; r, c))'$

这样，式（10.3.15）NLS 表达式可以写成式（10.3.20）形式，从而极大降低了 NLS 估计的维数。

$$Q_T(r, c) = \sum_{t=1}^{T} ((y_t - \phi(r, c)' x_t(r, c))^2 \tag{10.3.20}$$

2. 参数初始值的确定

当参数 r、c 固定时，STAR 模型的参数估计变成了线性模型的参数估计，但是，估计的结果对 r、c 的初始值很敏感。可以通过二维网格搜索 r、c，从而实现非线性最优化。以一个转换变量、多机制的 STAR 模型为例，通过以下变化可以实现有效的网格搜索。

$$G(s_t; r, c) = \left(1 + \exp\left\{-r \prod_{i=1}^{n} (s_t - c_i) / \hat{\sigma}_{s_t}^n\right\}\right)^{-1} \tag{10.3.21}$$

其中，$\hat{\sigma}_{s_t}^n$ 是 s_t 的标准差，这样变换后可以使参数 r 成为无量纲变量，不受数据本

身大小的影响，这有助于确定该参数网格值的设定。参数 c 可以被设定为 s_t 的样本百分比，这样保证了对参数 r、c，转换函数有足够多的样本。如果在整个样本值中转换函数近似为一个常数，那么式（10.3.21）的矩阵是无条件的，参数估计失败。

最后对参数估计后的模型进行假设检验，一般使用的检验是关于残差的独立性、正态性及异方差性检验，这体现了时间序列模型的建模思想。因为理论模型的假定要求随机扰动项满足零均值、等方差、独立及正态分布的假定，模型估计完后，作为随机扰动项替代的残差项如果满足上述假定，则模型拟合良好。一般非平稳及非线性模型的检验不适用古典计量经济学中的检验方法，最根本的原因在于，相关统计量的分布已经发生改变，这样标准的 t、F、DW 检验统计量是不能被使用的。

例 10.3.1 基于 STAR 模型的我国城镇居民消费分析。

选取 1979—2019 年城镇居民人均消费支出数据进行建模，见图 10.3.1。从图中可以发现，城镇居民人均消费支出呈上升趋势，且存在明显结构性变化。

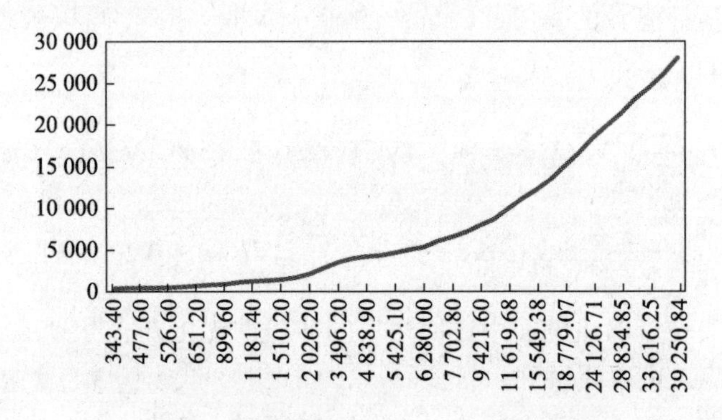

图 10.3.1 我国城镇居民人均消费支出数据

第一步：对序列进行单位根检验，结果显示两个序列都是非平稳序列，存在单位根，且二阶差分后的数据才达到平稳状态，因此，采用二阶差分数据拟合，下文中 x_t，y_t 分别代表我国城乡居民人均可支配收入和人均消费性支出的二阶差分序列。

第二步：对差分序列建立 AR 模型，并确定其阶数。画出 ACF 和 PACF 的图形（见图 10.3.2 和图 10.3.3），可以看出滞后 2 期时差分序列的相关性较强，计算 AIC 值也可得知，滞后 2 期的 AIC 值最小，拟合 AR（2）模型，得到结果如式（10.3.22）。

$$y_t = \underset{(25.916\,8)}{76.938} + \underset{(0.138\,2)}{0.094\,6}\, y_{t-1} - \underset{(0.134\,4)}{0.470\,9}\, y_{t-2} \tag{10.3.22}$$

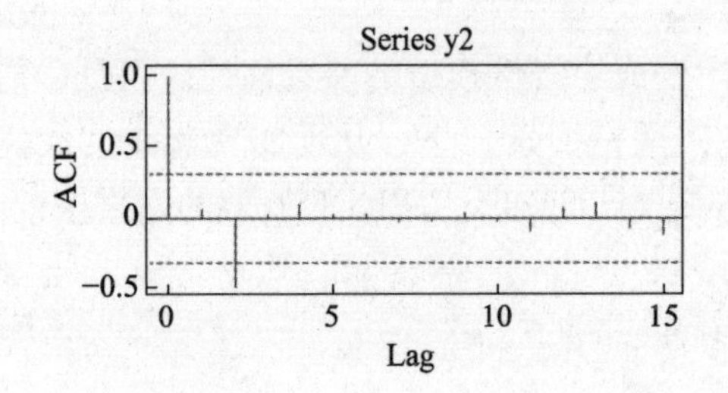

图 10.3.2 人均消费支出 ACF 值

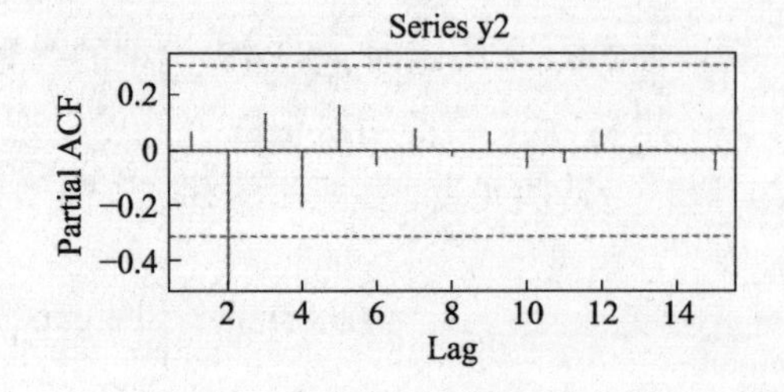

图 10.3.3 人均消费支出 PACF 值

第三步：检验序列是否需要非线性形式的模型，采用泰勒展开方式对转移函数近似替代，分别使用人均消费支出序列滞后 1 期、2 期，以及人均居民可支配收入序列的二阶差分序列及其滞后 1 期、2 期作为转换函数，结果见表 10.3.1。

表 10.3.1　线性检验结果表

	y_{t-1}	y_{t-2}	x_t	x_{t-1}	x_{t-2}
F 统计量值	2.79	3.584	9.225	2.225	2.858
p 值	0.020 21	0.005 244	0.000 03	0.055 05	0.017 96

由上述结果可知，5%显著性水平下，y_{t-1}、y_{t-2}、x_t、x_{t-2} 作为转换变量都是成立的，其中，x_t 作为转换变量的模型拟合最优，说明消费增量的结构转换是由收入增量引起的。

x_t 作为转换变量检验过程如下。

```
> x2=diff(x,diff=2)
> m1=y2[2:39]*x2[3:40]
> m2=y2[2:39]*x2[3:40]^2
> m3=y2[2:39]*x2[3:40]^3
> mm1=y2[1:38]*x2[3:40]
> mm2=y2[1:38]*x2[3:40]^2
> mm3=y2[1:38]*x2[3:40]^3
> lmy2ax=lm(y2[3:40]~y2[2:39]+y2[1:38]+m1+mm1+m2+mm2+m3+mm3)
> summary(lmy2ax)

Residuals:
Min       1Q  Median      3Q     Max
-301.97  -75.17  -19.06   71.80  286.11

Coefficients:
Estimate Std. Error t value Pr(>|t|)
(Intercept)    7.354e+01    3.068e+01    2.397   0.023204    *
y2[2:39]      -3.038e-01    1.438e-01   -2.112   0.043416    *
y2[1:38]      -8.504e-02    2.461e-01   -0.346   0.732174
m1            -3.201e-03    1.004e-03   -3.189   0.003413   **
mm1           -1.772e-03    8.556e-04   -2.071   0.047322    *
m2             3.945e-06    2.740e-06    1.440   0.160563
mm2           -8.291e-06    4.290e-06   -1.933   0.063077    .
m3             3.927e-08    9.513e-09    4.128   0.000282  ***
mm3            4.234e-08    1.037e-08    4.082   0.000320  ***
---
Signif. codes:  0 '***' 0.001 '**' 0.01 '*' 0.05 '.' 0.1 ' ' 1

Residual standard error: 158.3 on 29 degrees of freedom
Multiple R-squared:  0.7179,    Adjusted R-squared:  0.6401
F-statistic: 9.225 on 8 and 29 DF,  p-value: 3.2e-06
```

第四步：确定转换函数的形式。

分别拟合有无 $\beta_{4j}=0$ 约束的模型，使用其剩余平方和构造 F 统计量为

$$F=\frac{(217.5^2\times 31-158.3^2\times 29)/2}{158.3^2\times 29/29}=14.76$$

统计结果明显拒绝原假设，即 β_{4j} 不为 0，应该选择 LSTAR 模型。

有约束模型拟合的代码及结果如下。

```
> m1=y2[2:39]*x2[3:40]
> m2=y2[2:39]*x2[3:40]^2
> m3=y2[2:39]*x2[3:40]^3
> mm1=y2[1:38]*x2[3:40]
> lm=lm(y2[3:40]~y2[2:39]+y2[1:38]+m1+mm1+m2+mm2)
> summary(lm)

Residuals:
Min       1Q  Median      3Q     Max
-406.46 -101.64  -10.34  110.18  654.78

Coefficients:
Estimate Std. Error t value Pr(>|t|)
(Intercept)    9.601e+01    3.954e+01    2.428      0.0212    *
y2[2:39]      -2.742e-01    1.886e-01   -1.454      0.1560
y2[1:38]      -3.572e-01    2.767e-01   -1.291      0.2063
m1            -8.030e-04    7.790e-04   -1.031      0.3106
mm1            8.158e-04    6.942e-04    1.175      0.2489
m2             8.308e-06    3.193e-06    2.602      0.0141    *
mm2           -9.827e-08    3.749e-06   -0.026      0.9793
---
Signif. codes:  0 '***' 0.001 '**' 0.01 '*' 0.05 '.' 0.1 ' ' 1

Residual standard error: 217.5 on 31 degrees of freedom
Multiple R-squared:  0.431,Adjusted R-squared:  0.3209
F-statistic: 3.913 on 6 and 31 DF,  p-value: 0.005032
```

第五步：模型拟合。

LSTAR 模型拟合结果为

$$y_t = 117.17 + 1.002y_{t-1} - 0.099y_{t-2} + (-120.24 - 2.031y_{t-1} - 0.457y_{t-2})G(x_t; r, c)$$

其中，转换速度 r 为 0.575 3，转换位置 c 为–178.6。

```
> library(tsDyn)
> mod=lstar(y2[3:40],m=2,thVar=x2[3:40])

LSTAR model
Coefficients:
Low regime:
const.L      phiL.1      phiL.2
117.1676844   1.0018711  -0.0987445

High regime:
const.H     phiH.1     phiH.2
-3.0759686 -1.0310865 -0.3577614

Smoothing parameter: gamma = 0.5753

Threshold
Variable: external
Value: -178.6
```

自学自测

扫描此码

第11章

自回归条件异方差模型

到目前为止，本书研究的模型都是关于时间序列数据的条件均值结构的，然而，由于一些数据特征存在，人们需要研究如何对时间序列数据的条件方差结构建立模型。令$\{Y_t\}$为时间序列，给定 Y 的过去值($Y_{t-1},Y_{t-2},\cdots$)，其条件方差度量了 Y 偏离条件均值 $E(Y_t|Y_{t-1},Y_{t-1},\cdots)$ 的不确定程度。如果$\{Y_t\}$适合 ARIMA 模型，那么对任何现在及过去的数据，一步向前的条件方差总是等于噪声方差，ARIMA 模型过去任意给定步长前向预测的条件方差为常数。实际上，一步向前条件方差会随着现在和过去数值的变化而变化，因此，条件方差自身就是一个随机过程，其通常被称为条件方差过程。例如，股票的日收益率总是在价格剧烈波动期间比在价格相对平稳的时期具有更大的条件方差。本章的研究重点是基于现在和过去的数据对条件方差过程建模，通过该模型可以预测未来值的波动，而 ARIMA 模型关注的则是如何基于现在和过去的数据预测未来值。

11.1 时间序列异方差特征

以上特征都可以用序列波动率模型加以衡量，这就是自回归条件异方差模型（autoregressive conditional heteroskedasticity，ARCH），在金融领域中，金融资产收益率的条件方差通常作为对资产风险的一种度量。金融时间序列有许多典型特征，例如，许多金融时间序列会呈现波动集聚性，某时期的波动大而另一时期的波动小，有人将之形容为“大的波动跟着大的波动，小的波动跟着小的波动”。由于波动一般用方差表示，故这种波动的集群现象从侧面反映了时间序列具有较高的异方差性。再如，资产的收益与风险相关，一般来讲，风险越大预期收益越大。大企业的利润变化幅度要比小企业的利润变化幅度大，大企业的利润方差大于小企业的利润方差。因此，如何对时变波动进行建模是资产定价、风险管理等方面重点关注的问题；同时，金融时间序列具有尖峰厚尾性，真实分布往往比标准正态分布具有更高的概率密度函数值；金融时间序列存在杠杆效应，波动率对价格大幅度上升和价格大幅度下降的反应不同。

ARCH 模型最早由恩格尔于 1982 年提出，并由波勒斯勒夫于 1986 年发展为广义自回归条件异方差模型——GARCH 模型（generalized ARCH）。ARCH 模型用来描述时间序列中存在的异方差现象，它在金融时间序列分析中应用广泛。

为描述金融时间序列的各种异方差特征，ARCH 模型已经演化成了模型族，在时间序列分析（尤其金融时间序列分析）中得到了广泛应用。研究者往往对序列方差的预测产生巨大的兴趣，除了因为方差度量了资产的风险外，一些金融衍生品（如期权）的价值也取决于标的资产的方差，由方差预测还可得到资产收益的预测区间，方便投资者根据实际情况决定是否买卖资产。所以，对波动率的研究具有重要的意义。

金融资产收益往往表现出厚尾和在均值处出现过度峰度分布的倾向（见图 11.1.1 左图），这是上证综合指数日收益率分布图，呈现典型的尖峰后尾特征，与熟悉的正态分布相差甚远。同时，金融资产收益也会表现出波动的集聚性，较大的收益往往会跟着出现较大的收益，较小的收益会跟着出现较小的收益。图 11.1.1 右图是按时间顺序排列的日收益率数据图，从图中可见，某一时间段的波动小，而另外时间段的波动大。ARCH 模型描述的异方差就是这样的特征，大的波动跟着大的、小的波动跟着小的。另外，金融现象还存在杠杆效应，价格下降幅度与价格上升幅度存在明显差异，用来描述好消息、坏消息对资产价格波动冲击的差异。以上特征可以由 ARCH 模型及其扩展模型描述。

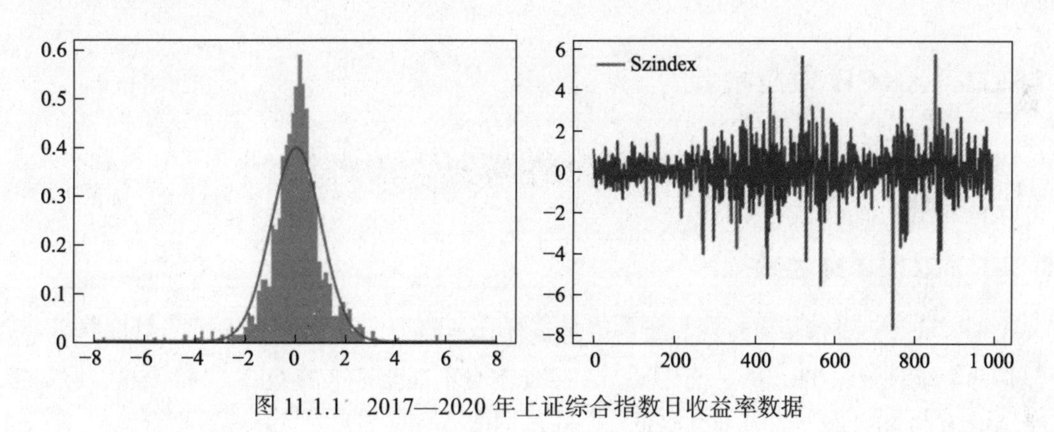

图 11.1.1　2017—2020 年上证综合指数日收益率数据

11.2　ARCH 模型及检验

11.2.1　ARCH 模型

一些计量模型估计后的随机扰动项 u_i 并不满足同方差且为常数的假定，即

$$\mathrm{var}(u_i)=\sigma_i^2 \tag{11.2.1}$$

上一节对金融时间序列数据的分析可初步了解其存在异方差特征，而且其方差取决于前期扰动项平方的大小。这种变化很可能是由金融市场的波动性易受外部冲击、宏观政策变动等因素影响而导致的，从而使误差项的方差不再是某个自变量的函数，而是随时间变化，并且与过去误差的大小有关。恩格尔（Engel）于 1982 提出了 ARCH 模型，因此获得 2003 年诺贝尔经济学奖，它的基本思想是：扰动项 u_t 的条件方差依赖它前期值 u_{t-1} 的大小。ARCH 模型的建立涉及两个核心的模型：一个是条件均值回归模型；另一个是条件异方差回归模型。ARCH（1）模型的形式为

$$y_t = x_t'\phi + u_t, u_t \sim N(0, \sigma_t^2) \tag{11.2.2}$$

$$\sigma_t^2 = a_0 + a_1 u_{t-1}^2 \tag{11.2.3}$$

式中，$a_0 > 0, a_1 > 0$。

式（11.2.2）为原始回归模型，也被称为均值方程。式（11.2.3）被称为波动方程，由两部分组成：一个常数项和前一时刻关于波动的信息u_{t-1}^2，表示的是 ARCH 项，或者被称为残差滞后项。当$a_0 > 0, a_1 > 0$时，大的过去扰动项u_{t-1}^2会导致信息u_t大的条件方差σ_t^2，所以，当u_t有取绝对值较大的倾向时，它描述了波动率的集聚性特征。

将 ARCH（1）模型扩展到 ARCH（p）模型，即扰动项u_t的条件方差σ_t^2依赖前面p 期扰动项平方的大小，可以写成

$$\sigma_t^2 = a_0 + a_1 u_{t-1}^2 + a_2 u_{t-2}^2 + \cdots + a_p u_{t-p}^2 \tag{11.2.4}$$

其中，$a_0 > 0, a_j > 0 (j = 1, 2, \cdots, p)$。

11.2.2 ARCH 效应检验

检验一个模型残差是否存在 ARCH 效应常用的方法有两种：ARCH-LM 检验和残差平方相关图检验。

1. ARCH-LM 检验

ARCH-LM 检验是检验残差序列中是否存在 ARCH 效应的拉格朗日乘数检验法，其包括两个统计量：TR^2 和 F 统计量。ARCH 本身不能使标准的 OLS 回归无效，但是忽略 ARCH 影响可能导致有效性降低。在进行均值方程回归后，对其残差拟合 ARCH（p）模型，见式（11.2.4），提出以下假设。

H_0：$a_1 = a_2 = \cdots = a_p = 0$。

H_1：$a_1, a_2, \cdots, a_p$至少有不为零的。

构造的统计量为

$$LM = TR^2 \sim \chi^2(p)$$

其中，T为样本容量，R^2为回归方程（11.2.4）的可决系数。在给定显著性水平α下，当$LM < \chi_\alpha^2(p)$时，接受原假设；当$LM > \chi_\alpha^2(p)$时，拒绝原假设，存在 ARCH 效应。

F统计量为

$$F = \frac{(SSE_r - SSE_u)/p}{SSE_u/(T-P-1)} \sim F(p, T-p-1) \tag{11.2.5}$$

其中，SSE_r, SSE_u 分别为模型（11.2.4）的有约束、无约束模型的剩余平方和。在给定显著性水平α下，$F < F_\alpha(p, T-p-1)$，接受原假设；$F > F_\alpha(p, T-p-1)$，拒绝原假设，存在 ARCH 效应。

这两个统计量构造的思想是，依据模型拟合优度决定是否存在 ARCH 效应。因为，

R^2 和 F 统计量都用来衡量模型拟合优度，当这两个统计量值比较大时，表明模型（11.2.4）整体拟合优度较好，解释变量对被解释变量的影响是显著的；反过来，当这两个统计量值比较小时，表明模型（11.2.4）整体拟合优度较差，解释变量对被解释变量的影响是不显著的，不存在 ARCH 效应。

2. 残差平方相关图检验

残差平方相关图检验是对残差平方序列计算滞后阶数的自相关函数（ACF），提出假设如下。

H_0：序列不存在 p 阶自相关。

H_1：序列存在 p 阶自相关。

检验统计量为 Ljung-Box Q 统计量，其表达式为

$$Q = T(T+2)\sum_{j=1}^{p}\frac{\hat{\rho}_j^2}{T-j} \tag{11.2.6}$$

其中，$\hat{\rho}_j^2$ 为残差项的第 j 阶自相关函数；T 为样本容量；p 为滞后阶数。

如果各阶 Q 统计量都没有超过设定的显著性水平的临界值则接受原假设，不存在 ARCH 效应；否则，超过临界值，说明序列存在自相关性，存在 ARCH 效应。

通过计算残差平方 u_t^2 的自相关函数（ACF）检验残差序列是否存在 ARCH 效应，它的涵义是，式（11.2.4）是对残差平方 u_t^2 的拟合，所以，通过计算不同时间间隔的 ACF 值可以考察是否存在异方差性。当 ACF 值较大、Q 统计量显著时，存在 ARCH 效应。

例 11.2.1　选取 1980—2019 年我国城镇居民人均收入及支出数据进行回归分析，并考察残差的异方差性。首先，拟合回归模型，见式（11.2.7）。

$$y_t = \underset{(6.909)}{517.11} + \underset{(148.89)}{0.668}\, x_t \tag{11.2.7}$$

其中，参数下括号内为 t 统计量值。

观察其残差的波动情况绘制出残差图，见图 11.2.1，从图形看，它的波动幅度在 1995 年后明显增大，因此，残差项可能存在条件异方差。

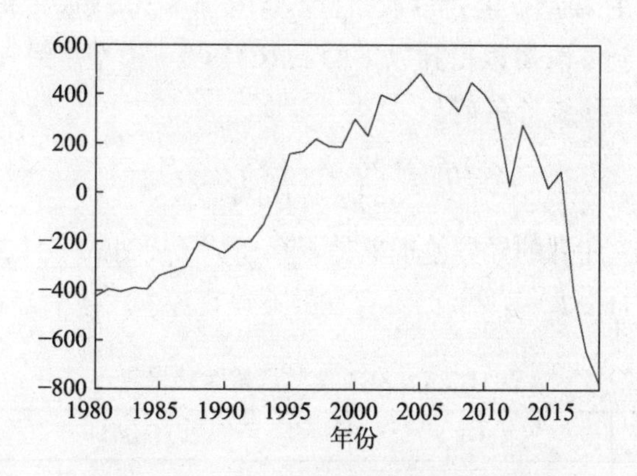

图 11.2.1　居民消费函数模型的残差

其次，在进行了 OLS 回归之后可以得到残差序列 $\{\hat{u}_t\}_{t=1}^n$。考虑原假设为残差序列直到 p 阶都不存在 ARCH 效应，因此，需要进行以下的辅助回归。

$$\hat{u}_t^2 = a_0 + \sum_{s=1}^{p} a_s \hat{u}_{t-s}^2$$

原假设及备择假设为：

$H_0: a_1 = a_2 = \cdots = a_p = 0$。

$H_1: a_1, a_2, \cdots, a_p$ 至少有不为零的。

先考虑使用 LM 检验，当设置滞后阶数为 2 时，见表 11.2.1。

表 11.2.1　ARCH 效应检验结果表

F-statistic	40.650 9	Prob. $F(2,35)$	0.00
Obs*R^2	25.564 2	Prob.hi-Square(2)	0.00

由表 11.2.1 可以注意到两个 p 值都为 0，显著拒绝原假设，即残差序列存在 ARCH 效应。

接下来，计算残差平方的自相关（AC）与偏自相关（PAC）系数，见图 11.2.2。可见，ACF 值显著不为 0，而 Q 统计量显著。因此，残差序列存在 ARCH 效应。

Autocorrelation	Partial Correlation		AC	PAC	Q-Stat	Prob
		1	0.843	0.843	30.628	0.000
		2	0.701	-0.035	52.352	0.000
		3	0.569	-0.047	67.035	0.000
		4	0.494	0.118	78.417	0.000
		5	0.416	-0.052	86.709	0.000
		6	0.340	-0.039	92.435	0.000
		7	0.270	-0.009	96.148	0.000
		8	0.131	-0.299	97.053	0.000
		9	0.056	0.120	97.220	0.000
		10	-0.023	-0.084	97.249	0.000

图 11.2.2　残差平方的自相关函数

最后，拟合 ARCH 模型。经过多次试验，ARCH（2）很好地消除 ARCH 效应，因此，将滞后阶数调整到 2 阶可以得到以下的 ARCH（1）模型。回归结果如式（11.2.8），其中，参数下括号内为 t 统计量值。

$$\sigma_t^2 = \underset{(0.799)}{1\,206.4} + \underset{(3.112)}{1.559} u_{t-1}^2 \tag{11.2.8}$$

为进一步检测残差序列的异方差现象是否存在，需要对式（11.2.8）的残差序列进行异方差性检验，见表 11.2.2，可见，已不存在异方差现象。残差平方和相关图见图 11.2.3。

表 11.2.2　ARCH 效应检验结果表

F-statistic	1.378	Prob. $F(1,37)$	0.247 9
Obs*R^2	1.400	Prob.hi-Square(1)	0.236 7

GARCH = C(3) + C(4)*RESID(-1)^2				
Variable	Coefficient	Std. Error	z-Statistic	Prob.
C	256.2454	25.86006	9.908924	0.0000
X	0.686953	0.001308	525.0103	0.0000
		Variance Equation		
C	1206.400	1508.362	0.799808	0.4238
RESID(-1)^2	1.559536	0.501118	3.112113	0.0019
R-squared	0.997492	Mean dependent var		8101.548
Adjusted R-squared	0.997426	S.D. dependent var		8275.685
S.E. of regression	419.8874	Akaike info criterion		14.02738
Sum squared resid	6699606.	Schwarz criterion		14.19627
Log likelihood	-276.5476	Hannan-Quinn criter.		14.08844
Durbin-Watson stat	0.118195			

图 11.2.3　残差平方和相关性

11.3　GARCH 模型

在模型阶数较大情况下，ARCH 模型对参数取值的要求很难得到满足，GARCH（generalized autoregressive conditional heteroskedasticity，GARCH）模型解决了这一问题。GARCH 模型被称为广义自回归条件异方差模型，由博尔维莱法（Bollerilev）和泰勒（Taylor）分别于 1986 年各自独立地发展起来，用一个简单的 GARCH 模型来代表一个高阶的 ARCH 模型，从而解决了 ARCH 模型中参数估计难以满足要求的问题。具体过程为

$$\sigma_t^2 = a_0 + a_1 u_{t-1}^2 + a_2 u_{t-2}^2 + \cdots + a_q u_{t-q}^2 \qquad (11.3.1)$$

则

$$\sigma_{t-1}^2 = a_0 + a_1 u_{t-2}^2 + a_2 u_{t-3}^2 + \cdots + a_{q-1} u_{t-q-1}^2 \qquad (11.3.2)$$

将式（11.3.2）代入式（11.3.1），得到 GARCH（1,1）为

$$\sigma_t^2 = a_0 + a_1 u_{t-1}^2 + \beta_1 \sigma_{t-1}^2 \qquad (11.3.3)$$

GARCH（p,q）为

$$\sigma_t^2 = a_0 + \sum_{i=1}^{p} a_i u_{t-i}^2 + \sum_{j=1}^{q} \beta_j \sigma_{t-j}^2 \qquad (11.3.4)$$

式中，u_{t-i}^2 为 ARCH 项，即残差滞后项；σ_{t-i}^2 为 GARCH 项，即条件方差滞后项；p 为 ARCH 项的阶数，q 为 GARCH 项的阶数，$a_0 > 0, a_i > 0, \beta_j > 0, \left(\sum_{i=1}^{p} a_i + \sum_{j=1}^{q} \beta_j\right) < 1$，以保证方程为正，且扰动项的无条件方差是有限的。

例 11.3.1　上证综指数据异方差性分析。

选择上证综指变动数据的样本区间，由于存款准备金率自 2007 年起成为了央行频繁使用的货币政策工具，所以，本文选择 2006—2020 年之间的上证综指数据作为研究

样本。

取上证综指数据样本的收盘价为 P，根据式（11.3.1）得到股票的对数收益率

$$R_t = \ln P_t - \ln P_{t-1} \tag{11.3.5}$$

其中 P_t 和 P_{t-1} 分别表示 t 日和 $t-1$ 日的上证综指收盘价指数。

计算数据样本中 3 365 个交易日的股票收益率可以得到如图 11.3.1 所示的上证综指收益率波动情况，显然，上证综指收益率围绕零均值上下波动，波幅始终在 10%以内，表现出了金融时间序列数据的波动丛聚性现象，很可能存在 ARCH 效应。

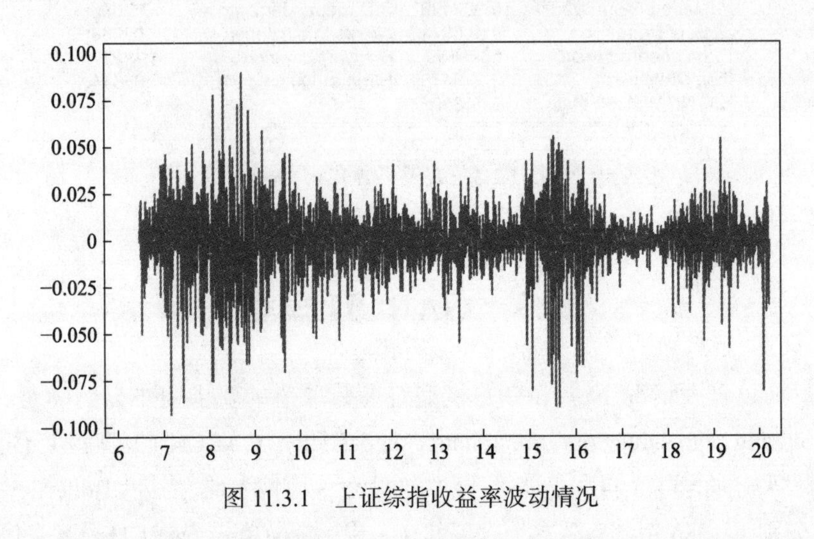

图 11.3.1 上证综指收益率波动情况

观察上证综指收益率的自相关图、偏自相关图判断均值模型的具体形式，选择 AIC 值及 SC 值最小的模型，建立 AR（6）模型。

1. ARCH 效应检验

检验均值方程的残差项是否存在 ARCH 效应。对均值方程的残差项是否存在自回归条件异方差进行 LM 检验，如表 11.3.1 所示，LM 统计量的 p 值为 0，表明该残差项存在 ARCH 效应，应采用 GARCH 模型预测股票正常收益率。

表 11.3.1 上证综指收益率残差项 ARCH-LM 检验结果

F-statistic	Prob. F(2,333 9)	Obs*R-squared	Prob. Chi-Square(2)
83.557 71	0.000 0	159.339 6	0.000 0

2. 建立 GARCH 模型

对比模型拟合过程中各个拟合模型 SC 值、AIC 值和 ARCH 效应的检验结果，可以得到上证综指收益率数据的最优拟合模型为 GARCH（1,1）模型，故利用 GARCH（1,1）模型进行全样本回归，结果如表 11.3.2 所示。其中 α 为 ARCH（1）的参数估计，β 为 GARCH（1）的参数估计。一方面，β 系数为 0.936 434 表明收益率的波动具有持续记忆性，过去收益率的波动与其无限期内的收益率波动都存在相关关系；另一方面，

$\alpha+\beta<1$且十分接近于 1，说明收益率的条件方差序列为平稳序列，模型具备可预测性，事件的冲击影响将以相对较慢的速度递减，收益率一旦出现较大的波动则在短时间内很难被消除。

表 11.3.2　上证综指收益率 GARCH（1,1）模型估计结果

Variable	Coefficient	Std. Error	z-Statistic	Prob.
AR(3)	0.036 069	0.017 080	2.111 741	0.034 7
AR(6)	–0.052 546	0.018 207	–2.885 954	0.003 9
C	0.000 000 951	0.000 000 167	5.335 939	0.000 0
α	0.062 736	0.003 495	17.949 710	0.000 0
β	0.936 434	0.003 133	298.930 900	0.000 0

在均值方程和条件方差方程建立完成后，需要检验此时残差项的自回归条件异方差是否被消除，若被消除则证明方程的建立合理，如表 11.3.3 所示，LM 统计量的 p 值远大于 0.05，可以认为所建模型中 ARCH 效应已经被消除，模型建立是合理有效的。

表 11.3.3　上证综指收益率 GARCH（1,1）模型残差项 ARCH-LM 检验结果

F-statistic	Prob. F(2,3339)	Obs*R-squared	Prob. Chi-Square(2)
0.920 652	0.3984	1.841 940	0.398 1

因此，可以得出结论：由于上证综指收益率数据存在 ARCH 效应，所以需要建立 GARCH 模型作为预测模型，结果显示，上证综指收益率是其滞后三期和滞后六期的线性函数，随着滞后三期增加 1 个单位，上证综指收益率增长 0.04 个单位，随着滞后六期增加 1 个单位，上证综指收益率降低 0.05 个单位。

Eviews 软件的操作中，执行“quick-equation Estimation”命令后，在 Method 栏下拉，可以看到如图 11.3.2 页面，选择 ARCH 模型估计；在图 11.3.3 的页面先输入均值方程，再选择 GARCH 模型，即可得到如表 11.3.2 所示的回归结果。

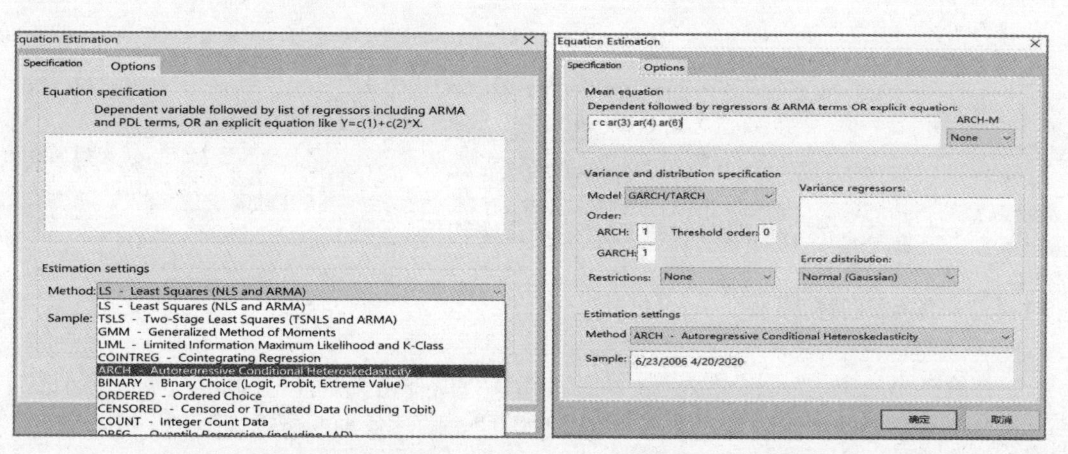

图 11.3.2　GARCH 模型估计操作 1　　　　图 11.3.3　GARCH 模型估计操作 2

11.4 ARCH 模型其他形式

11.4.1 GARCH-M 模型

GARCH-M 模型是将对均值方程的异方差的结果再引入到均值方程中，表明不确定因素对被解释变量的影响。异方差现象的存在表明残差中尚存对被解释变量有影响的因素，有学者将其定义为不确定因素，当拟合 GARCH 模型后，σ_t 的模型估计值可以被认为是不确定因素，将其引入均值方程可以描述不确定因素对被解释变量的影响，实现了 GARCH 模型与均值方程的结合。具体形式为

$$y_t = a_0 + \sum_{i=1}^{p} a_i y_{t-i} + \beta\sigma_t \tag{11.4.1}$$

其中，σ_t 为 GARCH 模型的估计值。

ARCH 类模型主要用于回归模型的干扰项，与回归模型的条件期望无关。然而，条件方差有时会直接影响条件期望值，例如，在金融市场中，人们习惯将金融资产的回报看作其风险的函数，即波动率越大期望收益率会越高。金融 CAMP 模型表明，资产收益率依赖资产的风险，风险越高的资产对应更高的平均收益。恩格尔（Engle）、利林（Lilien）和罗宾（Robin）于 1987 年提出 GARCH-M 模型，认为条件方差是随时间改变的风险度量工具，可以将风险与收益紧密联系在一起。模型的具体形式为

$$y_t = x_t'\phi + \rho\sigma_t^2 + u_t, u_t \sim N(0, \sigma_t^2) \tag{11.4.2}$$

$$\sigma_t^2 = a_0 + \sum_{i=1}^{p} a_i u_{t-i}^2 + \sum_{j=1}^{q} \beta_j \sigma_{t-j}^2 \tag{11.4.3}$$

其中，参数 ρ 为风险溢价参数，表示可观测到的预测风险波动对 y_t 的影响，若 ρ 为正值则意味着收益率与它的波动率呈正相关。

由于 GARCH-M 模型可以解释风险溢价，常用于预测资产的预期收益率与风险密切相关的金融领域，如预测一些股票、债券等金融资产的收益率。预测收益率的模型常被写为

$$r_t = \bar{r} + \rho\sigma_t^2 + u_t, u_t \sim N(0, \sigma_t^2) \tag{11.4.4}$$

$$\sigma_t^2 = a_0 + \sum_{i=1}^{p} a_i u_{t-i}^2 + \sum_{j=1}^{q} \beta_j \sigma_{t-j}^2 \tag{11.4.5}$$

式中，$\bar{r}$ 为常数，表示预测的股票或债券收益率均值。

11.4.2 TARCH 模型

在资本市场中，人们经常发现，负的冲击比正的冲击更容易增加波动，即“坏消息”对资产价格波动性的影响可能大于“好消息”的影响。这种非对称现象是十分有用的，因为它允许波动率对市场下跌的反应比对市场上升的反应更加迅速，较低的股价减少了

股东的权益，而股价的大幅下降增加了公司的杠杆作用，从而提高了持有股票的风险。

格洛斯顿（Glosten）等于 1994 年提出了非对称的“门限 GARCH”模型（threshold GARCH），简称为 TGARCH 模型，这个模型通过一个虚拟变量协助刻画波动率的非对称性，TGARCH（1,1）表达式为

$$y_t = x_t'\phi + u_t, u_t \sim N(0, \sigma_t^2) \quad (11.4.6)$$

$$\sigma_t^2 = a_0 + a_1 u_{t-1}^2 + \lambda_1 u_{t-1}^2 * I(\varepsilon_{t-1} < 0) + \beta_1 \sigma_{t-1}^2 \quad (11.4.7)$$

其中，$I(\cdot)$为示性函数，当$\varepsilon_{t-1} < 0$时，取值为 1；反之则为 0。

由于示性函数的引入，股价上涨信息（$\varepsilon_{t-1} > 0$）和下跌信息（$\varepsilon_{t-1} < 0$）对条件方差的作用效果不同。也就是说，股价上涨和下跌时股价波动程度是不同的。当$\varepsilon_{t-1} < 0$时，对方差的影响系数为$\alpha_1 + \lambda_1$；当$\varepsilon_{t-1} > 0$时，对方差的影响系数为α_1。当$\lambda_1 \neq 0$时，存在非对称效应。如果$\lambda_1 > 0$，则说明存在杠杆效应，坏消息对条件波动率的冲击大，好消息对条件波动率的冲击小；如果$\lambda_1 < 0$，那么好消息对条件波动率的冲击大。

例 11.4.1　接例 11.3.1，继续考察 A 股指数是否存在非对称效应，即好消息（正的冲击）和坏消息（负的冲击）是否会产生不对称的作用。因此，使用 TARCH 模型拟合数据，结果为

$$\sigma_t^2 = \underset{(5.54)}{0.000\,001} + \underset{(11.89)}{0.068} u_{t-1}^2 - \underset{(-0.07)}{0.000\,5} u_{t-1}^2 d_{t-1} + \underset{(248.2)}{0.926} \sigma_{t-1}^2 \quad (11.4.8)$$

分析回归结果可以发现，TARCH 项是不显著的，因此，不存在非对称效应。

11.4.3　EGARCH 模型

EGARCH（exponential GARCH）模型是由尼尔森（Nelson）于 1991 年提出的，其被称为指数 GARCH 模型，它通过一个a_1参数来刻画波动率的非对称性，而且可以保证方差为正。EGARCH 模型形式如下。

$$\ln\sigma_t^2 = a_0 + \underbrace{a_1(u_{t-1}/\sigma_{t-1})}_{\text{EARCH}} + \lambda_1 \underbrace{|u_{t-1}/\sigma_{t-1}|}_{\text{EARCH\_}a} + \beta_1 \underbrace{\ln\sigma_{t-1}^2}_{\text{EGARCH}} \quad (11.4.9)$$

其中，指数函数的名称来源于被解释变量是$\ln\sigma_t^2$，σ_t^2是等号右边值的指数形式；u_{t-1}/σ_{t-1}为u_{t-1}的标准化（除以自身标准差），被称为 EARCH 项。只要$a_1 \neq 0$，则包括了非对称效应；$|u_{t-1}/\sigma_{t-1}|$表示对称效应，被称为 EARCH-a 项。

当$a_1 \neq 0$时，存在非对称效应。如果$a_1 < 0$，利空的消息（$u_{t-1} < 0$）对波动率的冲击（$-a_1 + \lambda_1$）大于利好消息（$u_{t-1} > 0$）对波动率的冲击（$a_1 + \lambda_1$）；如果$a_1 > 0$则反过来。EGARCH 模型的主要优点之一是式（11.4.9）描述了σ_t^2的对数，方差本身就是正的，而不论方程右端的系数是否为正，无须对它施加任何限制。

例 11.4.2　接例 11.3.1，继续考察 A 股指数是否存在着非对称效应，模型拟合结果见式（11.4.10）。

$$\ln\sigma_t^2 = \underset{(-12.60)}{-0.217} + \underset{(19.50)}{0.164}\left|\frac{\varepsilon_{t-1}}{\sigma_{t-1}}\right| - \underset{(-0.842)}{0.004\,3}\frac{\varepsilon_{t-1}}{\sigma_{t-1}} + \underset{(514.91)}{0.989} ln\sigma_{t-1}^2 \quad (11.4.10)$$

其中，回归参数$\gamma = -0.0043$不显著，因此，非对称效应不存在。

即测即练

自学自测
扫描此码

第 12 章

门限自回归模型

当非线性模型中有一类是状态转换模型时，该模型认为序列的行为依赖系统的状态。例如，经济不景气时，失业率急速上升，随后，逐步缓慢地降低到它的长期水平。然而，在经济扩张期，失业率并不是急速下降的。因此，失业率的动态调整依赖经济是否处于扩张期或衰退期。当经济从扩张状态向紧缩状态变化时，它似乎改变了失业率的动态调整过程。状态转换模型包括门限自回归模型、平滑转换自回归模型、马尔科夫链等，它们将变量分成不同机制进行描述，能分机制地描述非对称现象。第 10 章讲述的平滑机制转换模型描述的机制转换是平滑的，而本章讲述的门限自回归模型所描述的机制转换是间断的、跳跃的。

12.1 基本门限自回归模型

门限自回归模型（threshold autoregression model，TAR）由唐（Tong）于 1983 年提出，他于 1990 年对该方法做了较为详细的概述，认为该模型是一类非线性模型，基于“分段”线性逼近，即把时间序列分割成几个机制，每个机制都采用不同的线性自回归模型逼近，其中，机制分割是由所谓的门限值（threshold value）划分。

12.1.1 一阶门限自回归模型

TAR模型与线性自回归模型不同，它刻画了时间序列在不同机制中呈现出不同的动态特征，即时间序列的非线性动态调整特征。门限自回归模型是分段线性模型，当序列值在不同的区间时，采用不同的线性 AR 模型描述，一阶的 TAR 模型（两段、一个门限参数）为

$$y_t = \begin{cases} \phi_{1,0} + \phi_{1,1} y_{t-1} + \sigma_1 e_t (y_{t-1} \leqslant r) \\ \phi_{2,0} + \phi_{2,1} y_{t-1} + \sigma_2 e_t (y_{t-1} > r) \end{cases} \tag{12.1.1}$$

其中，ϕ_{ij} 是自回归参数；r 是门限参数；$\{e_t\}$ 是 0 均值、等方差的独立同分布序列。

TAR 模型具有以下特征。

当 y_t 的一阶滞后值不大于门限值时，y_t 服从第一个 AR(1)过程，这时称第一个 AR（1）模型在运行；当 y_t 的一阶滞后值大于门限值时，模拟 TAR 过程的正态 QQ 图服从第二个 AR（1）过程，这时称第二个 AR（1）模型在运行。随着过程的一阶滞后值位置的变化，该过程在两个线性机制之间跳转。

第一个 AR（1）模型区间被称为下区域，第二个 AR（1）模型区间被称为上区域。

两个区域上的误差方差不必相等，因此，TAR 模型可用于解释数据中的某些条件异方差性。

例 12.1.1 利用一阶 TAR 模型产生的模拟数据考察其特征，模型形式如式（12.1.2）。

$$y_t=\begin{cases}0.5y_{t-1}+e_t & (y_{t-1}\leqslant -1)\\ -1.8y_{t-1}+2e_t & (y_{t-1}>-1)\end{cases} \tag{12.1.2}$$

```
library(tseries)
# 定义门限自回归模型的参数
n <- 100            # 时间序列的长度
theta1 <- 0.5       # 第一个时间段的自回归系数
theta2 <- -1.8      # 第二个时间段的自回归系数
gamma <- -1.0       # 门限值
mu <- 0             # 均值
sigma <- 1          # 标准差

# 生成符合门限自回归模型的时间序列
set.seed(123)
Y <- numeric(n)
for (i in 2:n) {
if (Y[i - 1] > gamma)
{Y[i] <- mu + 2*rnorm(1, 0, sigma) + theta2 * Y[i - 1] }
Else
{Y[i] <- mu + rnorm(1, 0, sigma) + theta1 * Y[i - 1] }
}
# 绘制图形
plot(Y,type = "l",main = "模拟的一阶 TAR 过程",xlab="t",ylab="Yt")
points(Y)
qqnorm(Y,main = "模拟 TAR 过程的正态 QQ 图",xlab="理论分位数",ylab="样本分位数")
qqline(Y)
```

图 12.1.1 给出了容量 n=100 的模拟数据时间序列图，图中显示，该时间序列有某种周期性，表现为序列下降速度较快而上升相对缓慢的非对称周期。这种非对称意味着如果逆时间方向则过程的概率结构将有所不同。可以做一张透明的时间序列图，将其翻转

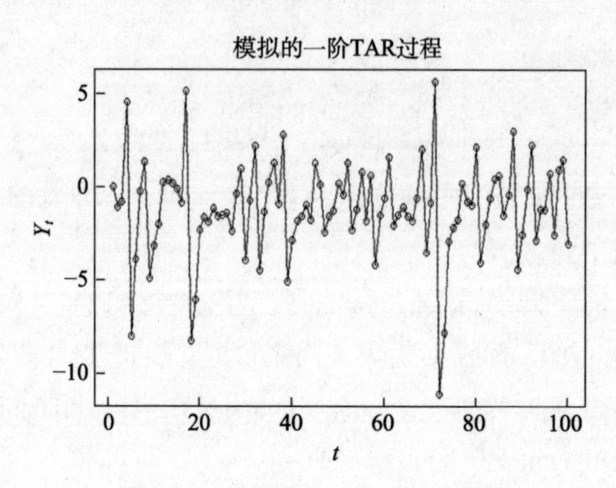

图 12.1.1 模拟的一阶 TAR 过程

并观察时间逆向后的样子，这时，模拟数据在逆转的时间上将会迅速上升而缓慢下降，这种现象即为所谓的时间不可逆。对平稳的 ARMA 过程而言，时间逆向后保持不变的一阶和二阶矩决定了其概率结构，因此过程必为时间可逆的。对于许多时间序列而言，时间不可逆揭示了相关的过程是非线性的。图 12.1.2 显示了模拟数据的正态 QQ 图，尽管误差服从正态分布，但该图仍显示了模拟数据的分布具有比正态分布更厚的尾部。

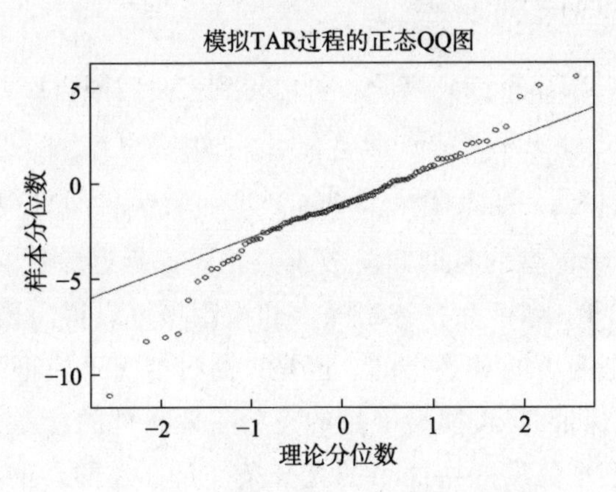

图 12.1.2　模拟一阶 TAR 数据分位数

下面考察一下 TAR 模型数据的平稳性。上区域子模型的自回归系数等于–1.8，从线性角度看，因为自回归系数绝对值大于 1，AR（1）模型是不平稳的。但是，从整体角度看，在某些温和条件下 TAR 模型渐近平稳。令初始值 y_1 为某个大数，例如，10，位于上区域；下一个值 $y_2=(-1.8)\times 10=-18$，落在下区域；第三个值 $y_3=(-1.8)\times 0.5=-9$，位于下区域；第四个值 $y_4=(-9)\times 0.5=-4.5$，仍在下区域；第五个值 $y_5=(-4.5)\times 0.5=-2.25$。显然，数据一旦进入下区域，再次迭代后数值将减半，此过程将持续到未来的某次迭代穿越门限–1。本例即在 $y_7=-0.562\,5$ 时出现，此时按第二个子模型运行，因此，$y_8=(-1.8)\times(-0.562\,5)=1.012\,5$，并且 $y_9=(-1.8)\times 1.012\,5=-1.822\,5$，再次进入下区域。

综上所述，若某次迭代值落到下区域，对它取半即得出下一步迭代值，直至未来的某次迭代值大于–1；另一方面，若某次迭代值大于 1，则下一步迭代必小于–1，从而落入下区域。序列值最终会限于–1 和 1.8 之间，因此，这是一个有界的过程，TAR 模型将渐近平稳。

从更一般意义角度考虑，从模型系数可以考察 TAR 模型是否是渐近平稳的。假定前面例子的门限值为 0，模型形式为

$$y_t=\begin{cases}0.5y_{t-1}+e_t & (y_{t-1}\leqslant 0)\\ -1.8y_{t-1}+2e_t & (y_{t-1}>0)\end{cases}\tag{12.1.3}$$

对给定正的 y_1，$y_t=(-1.8)\times 0.5^{t-2}\times y_1$，其中，$t\geqslant 2$；对负的 y_1，$y_t=0.5^{t-1}\times y_1$。两种情况下都有 $y_1\to 0, t\to\infty$。如果 $y_1=0$，对所有 t，恒有 $y_t\equiv 0$，则可称原点为均衡点。因为对任意非零初值，序列以指数级的速度趋于 0，故可称原点为全局指数稳定极

限点。可以证明，原点是序列的全局指数稳定极限点的条件是参数满足如下约束：$\phi_{1,1}<1$，$\phi_{2,1}<1$，$\phi_{1,1}\phi_{2,1}<1$。在这种情况下，一阶TAR模型是遍历的，因此是平稳的。TAR模型平稳条件比AR模型的$|\phi_{1,1}|<1$，$|\phi_{2,1}|<1$更宽泛。TAR模型的平稳性条件将使一般意义上的平稳性概念得以拓展。

12.1.2 多阶门限自回归模型

将一阶门限自回归模型推广到高阶，可以得到多阶门限自回归模型，模型形式为：

$$y_t=\begin{cases}\phi_{1,0}+\phi_{1,1}y_{t-1}+\cdots+\phi_{1,p_1}y_{t-p_1}+\sigma_1 e_t & (y_{t-d}\leqslant r)\\ \phi_{2,0}+\phi_{2,1}y_{t-1}+\cdots+\phi_{2,p_2}y_{t-p_2}+\sigma_2 e_t & (y_{t-d}>r)\end{cases} \tag{12.1.4}$$

可以看出，两个子模型的自回归阶数不必相同，延迟参数 d 可以大于最大的自回归阶数。另外，设门限等于0并省略噪声和截距项可以得出模型整体稳定的条件，这意味着TAR模型是遍历的和平稳的。但是，高阶情况下模型稳定性条件要复杂得多，以至于目前仍对保证TAR模型平稳的充分必要条件的参数条件一无所知。尽管如此，保证TAR模型平稳的一些简单的充分条件是存在的。例如，如果$(|\phi_{1,1}|+\cdots+|\phi_{1,p}|)<1$，并且$(|\phi_{2,1}|+\cdots+|\phi_{2,p}|)<1$，那么，TAR 模型是遍历的，进而也是渐近平稳的。

12.2 线性检验及参数估计

12.2.1 线性检验

线性检验可以判明数据序列是否需要用TAR模型表示，也就是说，序列的变动是否呈现非线性特征需要进行统计检验。拉格朗日乘数检验不能用于门限模型，因为它是不可微分的。例如，

$$y_t=I(\phi_{10}+\phi_{11}y_{t-1})+(1-I)(\phi_{20}+\phi_{21}y_{t-1}) \tag{12.2.1}$$

$\dfrac{\partial y_t}{\partial\phi_{11}}$在$r$处是不连续的，当$y_{t-1}>r$时，$\dfrac{\partial y_t}{\partial\phi_{11}}=0$；而当$y_{t-1}\leqslant r$时，$\dfrac{\partial y_t}{\partial\phi_{11}}=\phi_{11}$。

因此，需要考虑其他检验方法。TAR 模型的检验主要用来识别序列是否需要用两段线性模型表示。对于两阶段、自回归阶数相同的TAR模型提出的假设为

$H_0:\phi_{2,0}=\phi_{2,1},\cdots,=\phi_{2,p}=0$。

$H_1:\phi_{2,0},\phi_{2,1},\cdots,\phi_{2,p}$至少有不为0的。

（1）给定门限值r，在原假设及备择假设下对自回归参数进行普通最小二乘估计，同时得到两个模型的剩余平方和，此时wald统计量（F统计量）可以构造为

$$F=\frac{\mathrm{SSR}_r-\mathrm{SSR}_u/p}{\mathrm{SSR}_u/T-2p} \tag{12.2.2}$$

其中，SSR_r 是在原假设下模型的剩余平方和，SSR_u 备择假设下模型的剩余平方和，p 为线性模型估计中参数的个数，T 为样本容量。在门限值已知条件下，用标准的 F 检验确定是否原假设成立。

（2）如果门限值 r 未知，则在 F 统计量中包含有原假设无法识别的冗余参数 r（只出现在备择假设，而没有出现在原假设中），此时 F 统计量在原假设下渐近分布不再是标准的分布。由于门限值一般位于转换变量的中间，汉森（Hansen）于 1997 年提出，在转换变量取值的中间 70%范围内逐一估计模型参数，在所有估计中计算 F 统计量值。令 SSR_u 表示非约束模型提出残差平方和，SSR_r 表示约束模型残差平方和，样本容量为 T，则传统的 F 统计量可以构建为

$$F_n^*(r)=\frac{SSR_r-SSR_u/n}{SSR_u/T-2n} \tag{12.2.3}$$

需要注意的是，这个样本的 F 统计量不服从标准的 F 分布，不能直接在 F 分布表中得到临界值进行比较。由于检验统计量临界值随数据过程的不同而不同，阻碍了该方法应用。汉森（Hansen）于 1997 年又提出了一个自助法来近似得到统计量渐近分布。

当随机误差项具有同方差时，自助法步骤如下。

第一，从独立同分布的标准正态分布中抽取样本容量为 n 的随机序列 $\{u_t^*\},(t=1,2,\cdots,n)$，将 u_t^* 作为被解释变量，做 u_t^* 关于 y_{t-1} 的实际值的回归，以便获得 SSR_r 的估计值，人们把这个估计值称作 SSR_r^*。类似地，针对每个潜在 r 值，做 u_t^* 关于 $I(\cdot)y_{t-1}$ 和 $(1-I(\cdot))y_{t-1}$ 的回归，获得 SSR_u 的估计值，人们把这个估计值称作 SSR_u^*。

利用两个剩余平方和构造统计量。

$$F_n^*(r)=\frac{SSR_r^*-SSR_u^*/n}{SSR_u^*/T-2n} \tag{12.2.4}$$

重复这一过程几千次以获得 $F_n^*(r)$ 的分布。如果样本中获得的 F 值超过 $F_n^*(r)$ 值的 95%，在 5%的显著性水平下可以拒绝模型为线性模型的假设。

12.2.2　参数估计

因为 TAR 模型的平稳分布没有闭式解，所以，人们通常以 $\max(p,d)$ 个初始值为条件展开估计，另外，通常假设噪声序列服从正态分布。如果已知门限参数 r 和延迟参数 d，则可根据 $Y_{t-d}\leqslant r$ 成立与否将数据分成两个部分，设下区域中有 n_1 个数据。当数据在下区域时，可将 Y_t 对其 1 到 p 阶滞后进行回归，得到估计 $(\hat{\phi}_{1,0},\hat{\phi}_{1,1},\cdots,\hat{\phi}_{1,p})$，以及噪声方差的极大似然估计 $\hat{\sigma}_1^2$。类似地，使用落在上区域的数据，例如，n_2 个，可得到参数估计 $(\hat{\phi}_{2,0},\hat{\phi}_{2,1},\cdots,\hat{\phi}_{2,p})$ 及 $\hat{\sigma}_2^2$。将这些估计量代入对数似然函数，得到所谓的（r,d）的轮廓对数似然函数，即

$$l(r,d)=-\frac{n-p}{2}\{1+\log(2\pi)\}-\frac{n_1(r,d)}{2}\log((\hat{\sigma}_1(r,d))^2)-\frac{n_2(r,d)}{2}\log((\hat{\sigma}_2(r,d))^2) \tag{12.2.5}$$

最大化上面的轮廓似然函数即可得到 r 和 d 的估计值。

例如，式（12.2.1）可以写成

$$y_t = I(\phi_{10} + \phi_{11} y_{t-1}) + (1-I)(\phi_{20} + \phi_{21} y_{t-1}) \tag{12.2.6}$$

当 $y_{t-1} \leqslant r$ 时，$I(\cdot)=1$；当 $y_{t-1} > r$ 时，$I(\cdot)=0$。

如果门限值 r 已知，那么就可以直接估计 TAR 模型。通过 y_{t-1} 是否高于或者低于门限值构造虚拟变量 $I(\cdot)$，构建 $I(\cdot)y_{t-1}$ 和 $(1-I(\cdot))y_{t-1}$，然后，可以用 OLS 估计方程。也就是说，如果门限值 r 已知，依据 y_{t-1} 的值是否在门限之上或之下分离观测值。然后，可以用 OLS 分别估计式（12.2.1）的每段。

大多数情况下，门限值是未知的，并且必须与 TAR 模型的其他参数一同进行估计。陈（Chan）于 1993 年提出了如何获得门限 r 的超一致估计量的方法，即用条件最小二乘法（CLS）估计参数，参数估计是通过最小化预测误差平方和得到的，即

$$\begin{aligned} L(r,d) = \sum_{t=p+1}^{n} \{ & (Y_t - \phi_{1,0} - \phi_{1,1} Y_{t-1} - \cdots - \phi_{1,p} Y_{t-p})^2 I(Y_{t-d} \leqslant r) + \\ & (Y_t - \phi_{2,0} - \phi_{2,1} Y_{t-1} - \cdots - \phi_{2,p} Y_{t-p})^2 I(Y_{t-d} > r) \} \end{aligned}$$

其中，若 $Y_{t-d} \leqslant r, I(Y_{t-d} \leqslant r)$ 等于 1，否则等于 0。

陈于 1993 年还证明了 CLS 法满足一致性，即随样本容量的增大，估计量逼近真实值。因为延迟是整数，一致性意味着在大样本容量情况下，延迟估计量始终等于真实值。进一步，门限估计量样本误差的阶是 $1/n$，而其他参数样本误差的阶是 $1/\sqrt{n}$。门限参数与延迟参数快速收敛到真实值，意味着在评价自回归参数估计的非确定程度时，可视门限和延迟为已知量。因此，双区域自回归参数估计量渐近相互独立，其样本分布与应用普通最小二乘法于来自相应真实区域数据所得估计的分布渐近相同。

实际中，在双区域上 AR 的阶数不必相等或已知，因此，能同时对阶数做出估计的有效估计过程就变得至关重要了。对于线性 ARMA 模型，AR 的阶数可以通过最小化 AIC 来估计。对于固定的 r 和 d，TAR 模型本质上分别拟合阶数为 p_1 和 p_2 的两个 AR 模型，因此，AIC 成为

$$\text{AIC}(p_1, p_2, r, d) = -2l(r,d) + 2(p_1 + p_2 + 2)$$

用最小化 AIC 估计法估计参数时所最小化的 AIC 满足如下约束条件：在某些可保证任何区域都有足够数据用于估计的群搜索门限参数。

为了更好地说明 CLS 方法的基本思想，可以观察 TAR 模型序列图形。如果门限是存在的，则序列一定穿梭于门限，因此，门限 r 一定处于序列的最大值和最小值之间。在应用中，为了确保在门限两步有适当数量的观测值，一种做法是从检索中排除了最高和最低部分各15%的值。如果在一种状态下的观测值数量很少，例如，一种状态只有 20 个观测值，则得出的估计值是十分不准确的。如果有很有限的观测值，也可以排除作为潜在门限的最高和最低部分各10%的值。

在实际参数估计中，一般首先对转换变量进行从小到大进行排序，然后取中间一定百分数转换变量作为潜在门限值范围。考虑取中间 70%的转换变量作为潜在阈值是合适

的，也就是转换变量的 15%~85%作为门限值范围，将 y_{t-1} 的处于中间 70%的值逐一假定为门限值进行两阶段模型参数估计，直至结束。选择残差平方和最小的回归方程为最终估计结果可以认为具有一致估计性。具体步骤如下。

第 1 步：对门限变量(y_{t-d})从低到高进行排序，令 y^i 是排序后的序列的第 i 个值。

第 2 步：依次将$\{y^i\}$值作为门限，估计 TAR 模型，保存每个相对应模型的残差平方和，如果扣除门限两边各15%的观测值，则利用$\{y^i\}$中间 70%的值可以得到相应的剩余平方和。

第 3 步：绘制残差平方和与门限值的图形。一般认为，可以把任意 TAR 模型的 SSR 看作是门限值的函数，越靠近门限真实值，残差平方和应该越小，因此，SSR 应该在门限处于真实值时达到最小。如果有两个门限值，则 SSR 会出现两个明显的最低点。

例 12.2.1　我国 CPI 非线性变动特征分析。

选取样本数据为 1998 年 1 月—2021 年 3 月我国居民消费价格指数（CPI），数据图形见图 12.2.1，从图中可以发现，在 2008 年前后，CPI 变动特征发生明显变化，之前的 CPI 数据波动幅度明显大于后者，而且有明显的跳跃态势，所以，试着用 TAR 模型描述其变动特征。

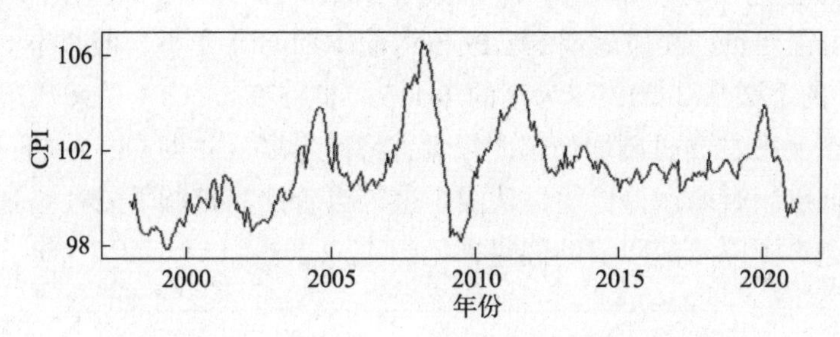

图 12.2.1　1998 年 1 月—2021 年 3 月我国 CPI 数据

首先，用 ADF 检验数据平稳性。ADF 检验 t 统计量值为–4.129 8，检验结果 p 值为 0.01，则拒绝原假设，序列平稳。

其次，门限自回归非线性特征检验。建立序列的线性 AR 模型，当滞后阶数为 9 阶时，AIC 值最小。因此，拟合 AR（9）模型。

结果显示，当滞后阶数为 9 时，AIC 值最小，因此由 AIC 准则选定 AR（9）模型，拟合模型。在此基础上寻找最佳门限变量滞后期数，以 CPI 的滞后期为门限变量，检验结果见表 12.2.1。

表 12.2.1　门限变量检验结果

CPI 滞后期	1	2	3	4	5	6
AIC 值	461.5	456.3	442.5	442.1	450.2	447.2
门限值	100	101.04	102.3	102.7	104.22	103.61

结果显示，门限变量选择滞后四期的 CPI 时模型最佳，同时比较 AIC 可知，非线性的门限自回归模型更优于 AR（9）模型，因此，CPI 的变动是非对称的。

根据所选门限值，以及模型的滞后阶数建立一个门限自回归模型。

```
> r=102.7
> I =ifelse(cpi4>r,1,0)
> lmtar1=lm(cpii~cpi1+cpi2+cpi3+cpi4+cpi5+cpi6+cpi7+cpi8+cpi9+I*cpi1+
I*cpi2+I*cpi3+I*cpi4+I*cpi5+I*cpi6+I*cpi7+I*cpi8+I*cpi9)
> summary(lmtar1)
```

门限自回归模型拟合结果为

$$\begin{cases} \text{cpi}_t = 21.24 + 0.98\text{cpi}_{t-1} + 0.069\text{cpi}_{t-2} + 0.063\text{cpi}_{t-3} - 0.212\text{cpi}_{t-4} - 0.098\text{cpi}_{t-5} + \\ \qquad 0.124\text{cpi}_{t-6} + 0.156\text{cpi}_{t-7} + 0.09\text{cpi}_{t-8} - 0.38\text{cpi}_{t-9} \\ \qquad\qquad\qquad\qquad\qquad\qquad \text{cpi}_{t-4} \leqslant 102.7 \\ \text{cpi}_t = 8.68 + 0.84\text{cpi}_{t-1} + 0.09\text{cpi}_{t-2} - 0.047\text{cpi}_{t-3} + 0.115\text{cpi}_{t-4} - 0.0047\text{cpi}_{t-5} - \\ \qquad 0.036\text{cpi}_{t-6} + 0.0596\text{cpi}_{t-7} - 0.106\text{cpi}_{t-8} - 0.0035\text{cpi}_{t-9} \\ \qquad\qquad\qquad\qquad\qquad\qquad \text{cpi}_{t-4} > 102.7 \end{cases}$$

从拟合结果来看，在低机制下滞后 1 期和滞后 9 期的系数均在 0.1%的水平下显著；高机制下滞后 9 期在 1%水平下显著，滞后 4 期在 10%水平下显著。模型可决系数和 F 统计量均显示出整体拟合较好。

当门限变量也就是滞后四阶的 CPI 值大于 102.7，可以看到回归模型系数的值大部分都减小甚至由正变负，相应时期的 CPI 值将使本期 CPI 变小，但减小的幅度均较小；滞后 4 期 CPI 的系数从–0.212 变为正的 0.115，滞后 9 期 CPI 的系数从–0.38 增加到–0.0035，这两个系数在高机制增加幅度很大，将使当滞后 4 期 CPI 值超过一定限度后，当期 CPI 将比低机制时增加得更快，从图中也可以看出高机制下 CPI 增加的斜率更大。

画出 CPI 走势图以及门限值的位置，见图 12.2.2。

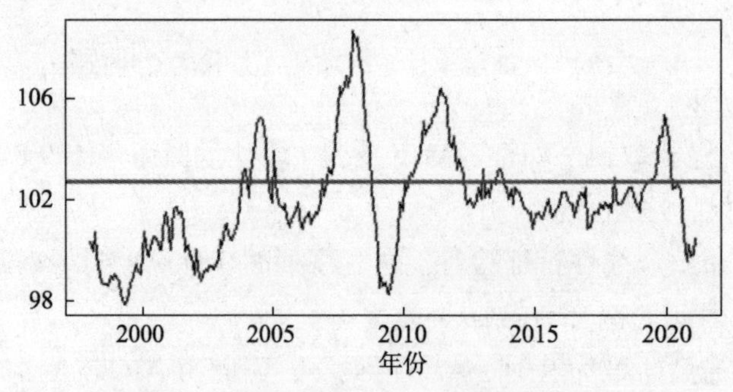

图 12.2.2 CPI 走势图以及门限值的位置

从图 12.2.2 中可以看出，我国 CPI 超过门限值的时期大概有 4 段，分别是 2004 年至 2005 年初、2007 年 7 月—2008 年、2010—2013 年、2019—2020 年。在高机制区间内，CPI 变化的速度要明显大于低机制，所以我国 CPI 的变动具有非常明显的非对称特征。

当通货膨胀水平达到一定程度，CPI 变化的速度会增加，如果不采取政策调整，则极易产生恶性通货膨胀。从我国 CPI 的变化看，相对来说通货膨胀水平处在高机制水平的期数较少且持续时间较短，当 CPI 超过门限值后增长很快但也很快回落到低水平，证明了我国的货币政策是有效的。

12.3　门限自回归模型扩展

12.3.1　选择延迟参数

前文提到的 TAR 模型中的转换变量都是由 y_{t-1} 决定的。然而，导致序列转换的变量滞后时间也许大于 1 期，可以根据 y_{t-d} 值推断状态转换的发生。有几种方法适合选择延迟参数 d，其中一种是利用试验方法，用残差平方和最小的方法选择最恰当的延迟参数，也可以选择使 AIC 最小的延迟参数值。

12.3.2　门限多种状态

在某些情况下，有理由认为存在两种以上的状态。假定 r_{Lt} 和 r_{St} 是两种类似金融工具的长期利率和短期利率，定义 $s_t = r_{Lt} - r_{St}$ 的利差要与长期均衡值 $\overline{s}$ 相一致。如果 $s_t = \overline{s}$，则可称系统处于长期均衡水平。在其他情况下，当期相对于长期均衡利差的 a_1% 带入下一期。事实上，存在利率差表现为非线性调整形态的依据，利率差相对于长期均衡值较低的周期（即 $s_{t-1} - \overline{s} < 0$）远比 $s_{t-1} - \overline{s} > 0$ 的周期持久。这些不同程度的持续性可以构造为

$$s_t = \begin{cases} \overline{s} + a_1(s_{t-1} - \overline{s}) + \varepsilon_{1t} & (s_{t-1} > \overline{s}) \\ \overline{s} + a_2(s_{t-1} - \overline{s}) + \varepsilon_{2t} & (s_{t-1} \leqslant \overline{s}) \end{cases} \tag{12.3.1}$$

式中，ε_{1t}、ε_{2t} 是白噪声序列。

当 $|a_2| > |a_1|$ 时，$s_{t-1} < \overline{s}$ 的周期将比其他周期更持久。现在假定存在阻止利率差完全调整到 $\overline{s}$ 的交易成本 c。如果 s_{t-1} 与 $\overline{s}$ 之间的缺口是进行交易的成本，则在两个有价证券之间进行转换不可能获利。因此，可以存在一个中间区域，在这个区域内利率差可以波动。在这个带形区域中，经济上的激励驱使投资者进行使利率差与 $\overline{s}$ 相等的任何投资行动都是不存在的。而在这个区域外，对投资者而言，存在很强的刺激促使其采取驱动利率差趋向于 $\overline{s}$ 的任何行动。构造这种行为的方法是用 Band-TAR 模型，如下所示。

$$s_t = \begin{cases} \overline{s} + a_1(s_{t-1} - \overline{s}) + \varepsilon_t & (s_{t-1} > \overline{s} + c) \\ s_{t-1} + \varepsilon_t & (\overline{s} - c < s_{t-1} \leqslant \overline{s} + c) \\ \overline{s} + a_2(s_{t-1} - \overline{s}) + \varepsilon_t & (s_{t-1} \leqslant \overline{s} - c) \end{cases} \tag{12.3.2}$$

这个模型中不存在均值回复的倾向，除非 s_{t-1} 在长期均衡利率差加减交易成本的中间区域之外。因此，在中间区域，利率差行为是随机游走的。

如果在检验中统计量值足够大且拒绝了原假设，则应进一步检验一下原假设和备择假设：$H_0: m = h; H_1: m = h + 1 (h \geqslant 1)$。如果 $h = 1$，那么此时的模型是线性自回归模型；如果 $h = 2$，则此时的模型是两机制 TAR 模型，以此类推。

12.3.3 门限回归模型

在传统回归分析中，应用一个门限的表达式为

$$y_t = a_0 + (a_1 + b_1 I_t)x_t + \varepsilon_t \tag{12.3.3}$$

这里，当 $y_{t-d} > r$ 时，$I_t = 1$；否则 $I_t = 0$。当 $y_{t-d} \leqslant r$，x_t 对 y_t 的影响是 a_1；当 $y_{t-d} > r$，x_t 对 y_t 的影响是 $a_1 + b_1$。如果 a_1 和 b_1 为正，且 $y_{t-d} > r$ 时，x_t 对 y_t 的影响大于 $y_{t-d} \leqslant r$ 时的影响。由 y_{t-d} 给出的门限变量并不是必需的，门限变量可以是 x_{t-d}，可以是没有直接出现在回归方程中的变量。

参 考 文 献

[1] 陆懋祖. 高等时间序列经济计量学[M]. 上海：上海人民出版社，2015.

[2] 陆懋祖. 高等时间序列经济计量学[M]. 上海：上海人民出版社，1999.

[3] 王振龙. 时间序列分析[M]. 北京：中国统计出版社，2000.

[4] 王燕. 应用时间序列分析[M]. 北京：中国人民大学出版社，2004.

[5] 易丹辉. 数据分析与 EVIEWS 软件应用[M]. 北京：中国统计出版社，2002.

[6] 王黎明. 应用时间序列分析[M]. 上海：复旦大学出版社，2010.

[7] 恩德斯. 应用计量经济学（时间序列分析）[M]. 北京：机械工业出版社，2019.

[8] 高铁梅. 计量经济分析方法与建模[M]. 北京：清华大学出版社，2006.

[9] 高铁梅. 计量经济分析方法与建模[M]. 北京：清华大学出版社，2015.

[10] DIJK D V, TERAESVIRTA T, FRANSES P H. Smooth transition autoregressive models—a survey of recent developments[J]. Econometric Reviews, 2002, 21(1): 1-47.

[11] 王耀东. 经济时间序列分析[M]. 上海：上海财经大学出版社，1996.

[12] 克莱尔. 时间序列分析及应用——R 语言[M]. 潘红宇，译. 北京：机械工业出版社，2011.

[13] 汉密尔顿. Time Series Analysis 时间序列分析[M]. 刘明志，译. 北京：中国社会科学出版社，1999.

[14] 赵春艳. 平滑转移自回归模型的理论与应用研究[M]. 北京：清华大学出版社，2015.

[15] 唐勇，朱鹏飞. 金融计量学[M]. 北京：清华大学出版社，2015.

[16] 鲁克波尔，克莱茨希. 应用时间序列计量经济学[M]. 易行健，译. 北京：机械工业出版社，2008.

[17] 赵春艳. 趋势结构断点经济时间序列协整理论与应用研究[M]. 北京：中国财政经济出版社，2022.

附　录

附录 1　每隔 20 分钟造纸过程入口开关调节器数据（竖读）

33.5	32.8	32.5	32.5	32.4	31.4	31	31.8	31.5	30.7
34	32.5	32.5	32.7	32.4	31.6	31.2	32	31.5	30.7
33.5	32.5	32.8	32.7	32.4	31.2	31.2	31.8	31.5	30.7
33.5	32.2	32.8	32	32	31.8	32.2	31.8	31.5	31
33.5	32.5	32.8	32	32.1	32.2	32.2	31.6	32	31.7
33	32.5	32.2	32.6	32.1	32	32.2	31.6	32	31
33	32.5	32.7	32.4	32.1	32.3	31.5	31.8	32.3	30.7
33.5	32.3	33	32.4	31.6	32	31.5	31.8	32.3	30.7
33.5	32	33	32.5	31.6	31.5	31.5	31.8	32.3	31
33.3	32.5	33	32.5	31.5	31.2	31.6	31.8	30.7	31
33.3	32.5	32.5	32.5	31.5	31.2	31.6	32.5	32	31.3
33.5	32.5	32	32.5	31.2	31.2	31.8	32.3	31.2	31.3
33	34	32	32.8	31.2	31.2	31.6	32	31.2	32
32.5	33.3	31.8	32.5	31.4	31.2	31.4	32	31	31.3
32.5	33	31.8	32.5	31.4	31.2	31.4	32	30.7	31.5
32.8	32.5	31.8	32.4	31.4	31	31.4	31.5	30.7	31.5

附录 2　1993—1997 年各月列车运行数量数据　　（单位：千列 · 千米）

obs					
1	1 196.8	1 181.3	1 222.6	1 229.3	1 221.5
6	1 148.4	1 250.2	1 174.4	1 234.5	1 209.7
11	1 206.5	1 204	1 234.1	1 146	1 304.9
16	1 221.9	1 244.1	1 194.4	1 281.5	1 277.3
21	1 238.9	1 267.5	1 200.9	1 245.5	1 249.9
26	1 220.1	1 267.4	1 182.3	1 221.7	1 178.1
31	1 261.6	1 267.4	1 196.4	1 222.6	1 174.7
36	1 212.6	1 215	1 191	1 179	1 224
41	1 183	1 288	1 274	1 218	1 263
46	1 205	1 210	1 243	1 266	1 200
51	1 306	1 209	1 248	1 208	1 231
56	1 244	1 296	1 221	1 287	1 191

附录 3　2010 年 1 月—2021 年 12 月某红酒月度销售量

	2010	2011	2012	2013	2014	2015	2016	2017	2018	2019	2020	2021
1	464	530	544	615	699	809	779	814	966	1138	970	1007
2	675	883	635	722	830	997	1 005	1 150	1 549	1 430	1 199	1 665
3	703	894	804	832	996	1 164	1 193	1 225	1 538	1 809	1 718	1 642

续表

	2010	2011	2012	2013	2014	2015	2016	2017	2018	2019	2020	2021
4	887	1 045	980	977	1 124	1 205	1 522	1 691	1 612	1 763	1 683	1 525
5	1 139	1 199	1 018	1 270	1 458	1 538	1 539	1 759	2 078	2 200	2 025	1 838
6	1 077	1 287	1 064	1 437	1 270	1 513	1 546	1 754	2 137	2 067	2 051	1 892
7	1 318	1 565	1 404	1 520	1 753	1 378	2 116	2 100	2 907	2 503	2 439	2 920
8	1 260	1 577	1 286	1 708	2 258	2 083	2 326	2 062	2 249	2 141	2 353	2 572
9	1 120	1 076	1 104	1 151	1 208	1 357	1 596	2 012	1 883	2 103	2 230	2 617
10	963	918	999	934	1 241	1 536	1 356	1 897	1 739	1 972	1 852	2 047
11	996	1 008	996	1 159	1 265	1 526	1 553	1 964	1 828	2 181	2 147	2 258
12	960	1 063	1 015	1 209	1 828	1 376	1 613	2 186	1 868	2 344	2 286	2 411

附录 4　国际航运乘客资料（1949 年 1 月—1960 年 12 月）（千人）

	1	2	3	4	5	6	7	8	9	10	11	12
1949	112	118	132	129	121	135	148	148	136	119	104	118
1950	115	126	141	135	125	149	172	170	158	133	114	140
1951	145	150	178	163	172	178	199	199	184	162	146	166
1952	171	180	193	181	183	218	230	242	209	191	172	194
1953	196	196	236	235	229	243	264	272	237	211	180	201
1954	204	188	235	227	234	264	302	293	259	229	203	229
1955	242	233	267	269	270	315	364	347	312	274	237	278
1956	284	277	317	313	318	374	413	405	355	306	271	306
1957	315	301	356	348	355	422	465	467	404	347	305	306
1958	340	318	362	348	363	435	491	505	404	359	310	337
1959	360	342	406	396	420	472	548	559	463	407	362	405
1960	417	391	419	461	472	535	622	606	508	461	390	432

附录 5　1950—2005 年中国进出口贸易总额

（单位：亿元人民币）

1950	41.5	1964	97.5	1978	355	1992	9119.6
1951	59.5	1965	118.4	1979	454.6	1993	11 271
1952	64.6	1966	127.1	1980	570	1994	20 381.9
1953	80.9	1967	112.2	1981	735.3	1995	23 499.9
1954	84.7	1968	108.5	1982	771.3	1996	24 133.8
1955	109.8	1969	107.7	1983	860.1	1997	26 967.2
1956	108.7	1970	112.9	1984	1 201	1998	26 854.1
1957	104.5	1971	120.9	1985	2 066.7	1999	29 896.3
1958	128.7	1972	146.9	1986	2 580.4	2000	39 273.2
1959	149.3	1973	220.5	1987	3 084.2	2001	42 183.6
1960	128.4	1974	292.2	1988	3 821.8	2002	51 378.2
1961	90.7	1975	290.4	1989	4 155.9	2003	70 483.5
1962	80.9	1976	264.1	1990	5 560.1	2004	95 539.1
1963	85.7	1977	272.5	1991	7 225.8	2005	116 921.8

附录 6　国际原油价格数据

	国际原油价格（美元/桶）	全球原油产量（千桶/天）	CFTC 原油持仓数量（张）
2000-12-31	28.50	65 877.06	620 320.16
2001-12-31	24.44	65 463.54	626 903.98
2002-12-31	25.02	64 104.90	779 618.21
2003-12-31	28.83	67 232.79	830 326.58
2004-12-31	38.27	70 551.96	1 033 834.54
2005-12-31	54.52	71 470.05	1 344 618.17
2006-12-31	65.14	71 611.17	1 740 531.77
2007-12-31	72.39	71 111.05	2 409 754.94
2008-12-31	97.26	71 692.58	2 887 494.00
2009-12-31	61.67	68 831.36	2 740 265.96
2010-12-31	79.50	69 725.04	2 636 585.12
2011-12-31	111.26	70 327.20	2 705 956.29
2012-12-31	111.67	72 758.70	2 411 320.04
2013-12-31	108.66	72 867.63	2 462 866.12
2014-12-31	98.95	73 436.96	2 204 063.13
2015-12-31	52.39	75 151.29	2 493 058.15
2016-12-31	43.73	75 367.17	2 576 764.44
2017-12-31	54.19	74 494.82	2 997 259.02
2018-12-31	71.31	75 695.12	3 229 296.40
2019-12-31	64.21	75 242.86	2 745 897.75
2020-12-31	41.84	69 093.27	2 741 273.85

附录 7　我国城镇居民人均消费支出、收入数据（1978—2019 年）　　（单位：元）

年份	支出	收入	年份	支出	收入
1980	412.4	477.6	2000	4 998	6 255.7
1981	456.8	500.4	2001	5 309	6 824
1982	471	535.3	2002	6 029.9	7 652.4
1983	505.9	564.6	2003	6 510.9	8 405.5
1984	559.4	652.1	2004	7 182.1	9 334.8
1985	673.2	739.1	2005	7 942.9	10 382.3
1986	799	900.9	2006	8 696.6	11 619.7
1987	884.4	1 002.1	2007	9 997.5	13 602.5
1988	1 104	1 180.2	2008	11 242.9	15 549.4
1989	1 211	1 373.9	2009	12 264.6	16 900.5
1990	1 278.9	1 510.2	2010	13 471.5	18 779.1
1991	1 453.8	1 700.6	2011	15 160.9	21 426.9
1992	1 671.7	2 026.6	2012	16 674.3	24 126.7
1993	2 110.8	2 577.4	2013	18 488	26 467
1994	2 851.3	3 496.2	2014	19 968	28 844
1995	3 537.6	4 283	2015	21 392	31 195
1996	3 919.5	4 838.9	2016	23 079	33 616
1997	4 185.6	5 160.3	2017	24 445	36 396
1998	4 331.6	5 425.1	2018	26 112	39 251
1999	4 615.9	5 854	2019	28 063	42 359

附录 8　迪基–福勒 t 检验的临界值

样本量	统计量 $(\hat{\rho}_T-1)/\hat{\sigma}_\rho$ 小于表中数字的概率							
T	0.01	0.025	0.05	0.10	0.90	0.95	0.975	0.01
	$y_t=\rho y_{t-1}+\varepsilon_t$							
25	−2.66	−2.26	−1.95	−1.60	0.92	1.33	1.70	2.16
50	−2.62	−2.25	−1.95	−1.61	0.91	1.31	1.66	2.08
100	−2.60	−2.24	−1.95	−1.61	0.90	1.29	1.64	2.03
250	−2.58	−2.23	−1.95	−1.62	0.89	1.29	1.63	2.01
500	−2.58	−2.23	−1.95	−1.62	0.89	1.28	1.62	2.00
∞	−2.58	−2.23	−1.95	−1.62	0.89	1.28	1.62	2.00
	$y_t=\mu+\rho y_{t-1}+\varepsilon_t$							
25	−3.76	−3.33	−3.00	−2.63	−0.37	0.00	0.34	0.72
50	−3.58	−3.22	−2.93	−2.60	−0.40	−0.03	0.29	0.66
100	−3.51	−3.17	−2.89	−2.58	−0.42	−0.05	0.26	0.63
250	−3.46	−3.14	−2.88	−2.57	−0.42	−0.06	0.24	0.62
500	−3.44	−3.13	−2.87	−2.57	−0.43	−0.07	0.24	0.61
∞	−3.43	−3.12	−2.86	−2.57	−0.44	−0.07	0.23	0.60
	$y_t=\mu+\delta t+\rho y_{t-1}+\varepsilon_t$							
25	−4.38	−3.95	−3.60	−3.24	−1.14	−0.80	−0.50	−0.15
50	−4.15	−3.80	−3.50	−3.18	−1.19	−0.87	−0.58	−0.24
100	−4.04	−3.73	−3.45	−3.15	−1.22	−0.9	−0.62	−0.28
250	−3.99	−3.69	−3.43	−3.13	−1.23	−0.92	−0.64	−0.31
500	−3.98	−3.68	−3.42	−3.13	−1.24	−0.93	−0.65	−0.32
∞	−3.43	−3.66	−3.41	−3.12	−1.25	−0.94	−0.66	−0.33

附录 9　迪基–福勒 F 检验的临界值

样本量	F 统计量大于表中数字的概率							
T	0.99	0.975	0.95	0.90	0.10	0.05	0.025	0.99
	(在$y=\mu+\rho y_{t-1}+u_t$中检验$\mu=0,\rho=1$的F检验)							
25	0.29	0.38	0.49	0.65	4.12	5.18	6.30	7.88
50	0.29	0.39	0.50	0.66	3.94	4.86	5.80	7.06
100	0.29	0.39	0.50	0.67	3.86	4.71	5.57	6.70
250	0.30	0.39	0.51	0.67	3.81	4.63	5.45	6.52
500	0.30	0.39	0.51	0.67	3.79	4.61	5.41	6.47
∞	0.30	0.40	0.51	0.67	3.78	4.59	5.38	6.43
	(在$y=\mu+\delta t+\rho y_{t-1}+u_t$中检验$\delta=0,\rho=1$的$F$检验)							
25	0.74	0.90	1.08	1.33	5.91	7.24	8.65	10.61
50	0.76	0.93	1.11	1.37	5.61	6.73	7.81	9.31
100	0.76	0.94	1.12	1.38	5.47	6.49	7.44	8.73
250	0.76	0.94	1.13	1.39	5.39	6.34	7.25	8.43
500	0.76	0.94	1.13	1.39	5.36	6.30	7.20	8.34
∞	0.77	0.94	1.13	1.39	5.34	6.25	7.16	8.27

附录 10　标准正态分布表

z	0.00	0.01	0.02	0.03	0.04	0.05	0.06	0.07	0.08	0.09
0.0	0.000 0	0.004 0	0.008 0	0.012	0.016 0	0.019 9	0.023 9	0.027 9	0.031 9	0.035 9
0.1	0.039 8	0.043 8	0.047 8	0.051 7	0.055 7	0.059 6	0.063 6	0.067 5	0.071 4	0.075 3
0.2	0.079 3	0.083 2	0.087 1	0.091 0	0.094 8	0.098 7	0.102 6	0.106 4	0.110 3	0.114 1
0.3	0.117 9	0.121 7	0.125 5	0.129 3	0.133 1	0.136 8	0.140 6	0.144 3	0.148 0	0.151 7
0.4	0.155 4	0.159 1	0.162 8	0.166 4	0.170 0	0.173 6	0.177 2	0.180 8	0.184 4	0.187 9
0.5	0.191 5	0.195 0	0.198 5	0.201 9	0.205 4	0.208 8	0.212 3	0.215 7	0.219 0	0.222 4
0.6	0.225 7	0.229 1	0.232 4	0.235 7	0.238 9	0.242 2	0.245 4	0.248 6	0.251 8	0.254 9
0.7	0.258 0	0.261 2	0.264 2	0.267 3	0.270 4	0.273 4	0.276 4	0.279 4	0.282 3	0.285 2
0.8	0.288 1	0.291 0	0.293 9	0.296 7	0.299 5	0.302 3	0.305 1	0.307 8	0.310 6	0.313 3
0.9	0.315 9	0.318 6	0.321 2	0.323 8	0.326 4	0.328 9	0.331 5	0.334 0	0.336 5	0.338 9
1.0	0.341 3	0.343 8	0.346 1	0.348 5	0.350 8	0.353 1	0.355 4	0.357 7	0.359 9	0.362 1
1.1	0.364 3	0.366 5	0.368 6	0.370 8	0.372 9	0.374 9	0.377 0	0.379 0	0.381 0	0.383 0
1.2	0.384 9	0.386 9	0.388 8	0.390 7	0.392 5	0.394 4	0.396 2	0.398 0	0.399 7	0.401 5
1.3	0.403 2	0.404 9	0.406 6	0.408 2	0.409 9	0.411 5	0.413 1	0.414 7	0.416 2	0.417 7
1.4	0.419 2	0.420 7	0.422 2	0.423 6	0.425 1	0.426 5	0.427 9	0.429 2	0.430 6	0.431 9
1.5	0.433 2	0.434 5	0.435 7	0.437 0	0.438 2	0.439 4	0.440 6	0.441 8	0.442 9	0.444 1
1.6	0.445 2	0.446 3	0.447 4	0.448 4	0.449 5	0.450 5	0.451 5	0.452 5	0.453 5	0.454 5
1.7	0.455 4	0.456 4	0.457 3	0.458 2	0.459 1	0.459 9	0.460 8	0.461 6	0.462 5	0.463 3
1.8	0.464 1	0.464 9	0.465 6	0.466 4	0.467 1	0.467 8	0.468 6	0.469 3	0.469 9	0.470 6
1.9	0.471 3	0.471 9	0.472 6	0.473 2	0.473 8	0.474 4	0.475 0	0.475 6	0.476 1	0.476 7
2.0	0.477 2	0.477 8	0.478 3	0.478 8	0.479 3	0.479 8	0.480 3	0.480 8	0.481 2	0.481 7
2.1	0.482 1	0.482 6	0.483 0	0.483 4	0.483 8	0.484 2	0.484 6	0.485	0.485 4	0.485 7
2.2	0.486 1	0.486 4	0.486 8	0.487 1	0.487 5	0.487 8	0.488 1	0.488 4	0.488 7	0.489 0
2.3	0.489 3	0.489 6	0.489 8	0.490 1	0.490 4	0.490 6	0.490 9	0.491 1	0.491 3	0.491 6
2.4	0.491 8	0.492 0	0.492 2	0.492 5	0.492 7	0.492 9	0.493 1	0.493 2	0.493 4	0.493 6
2.5	0.493 8	0.494 0	0.494 1	0.494 3	0.494 5	0.494 6	0.494 8	0.494 9	0.495 1	0.495 2
2.6	0.495 3	0.495 5	0.495 6	0.495 7	0.495 9	0.496	0.496 1	0.496 2	0.496 3	0.496 4
2.7	0.496 5	0.496 6	0.496 7	0.496 8	0.496 9	0.497	0.497 1	0.497 2	0.497 3	0.497 4
2.8	0.497 4	0.497 5	0.497 6	0.497 7	0.497 7	0.497 8	0.497 9	0.497 9	0.498	0.498 1
2.9	0.498 1	0.498 2	0.498 2	0.498 3	0.498 4	0.498 4	0.498 5	0.498 5	0.498 6	0.498 6
3.0	0.498 6	0.498 7	0.498 7	0.498 8	0.498 8	0.498 9	0.498 9	0.498 9	0.499	0.499

附录 11　*t* 分布的临界值

自由度	上单侧				
	0.10	0.05	0.025	0.01	0.005
1	3.078	6.314	12.706	31.821	63.657
2	1.886	2.920	4.303	6.965	9.925
3	1.638	2.353	3.182	4.541	5.841

续表

自由度	上单侧				
	0.10	0.05	0.025	0.01	0.005
4	1.533	2.132	2.776	3.747	4.604
5	1.476	2.015	2.571	3.365	4.032
6	1.440	1.943	2.447	3.143	3.707
7	1.415	1.895	2.365	2.998	3.499
8	1.397	1.860	2.306	2.896	3.355
9	1.383	1.833	2.262	2.821	3.250
10	1.372	1.812	2.228	2.764	3.169
11	1.363	1.796	2.201	2.718	3.106
12	1.356	1.782	2.179	2.681	3.055
13	1.350	1.771	2.160	2.650	3.012
14	1.345	1.761	2.145	2.624	2.977
15	1.341	1.753	2.131	2.602	2.947
16	1.337	1.746	2.120	2.583	2.921
17	1.333	1.740	2.110	2.567	2.898
18	1.330	1.734	2.101	2.552	2.878
19	1.328	1.729	2.093	2.539	2.861
20	1.325	1.725	2.086	2.528	2.845
21	1.323	1.721	2.080	2.518	2.831
22	1.321	1.717	2.074	2.508	2.819
23	1.319	1.714	2.069	2.500	2.807
24	1.318	1.711	2.064	2.492	2.797
25	1.316	1.708	2.060	2.485	2.787
26	1.315	1.706	2.056	2.479	2.779
27	1.314	1.703	2.052	2.473	2.771
28	1.313	1.701	2.048	2.467	2.763
29	1.311	1.699	2.045	2.462	2.756
30	1.310	1.697	2.042	2.457	2.750
40	1.303	1.684	2.021	2.423	2.704
60	1.296	1.671	2.000	2.390	2.660
120	1.289	1.658	1.980	2.358	2.617
∞	1.282	1.645	1.960	2.326	2.576

附录 12 *F* 分布的临界值（$\alpha = 0.05$）

分母自由度 N_2	分子自由度 N_1											
	1	2	3	4	5	6	7	8	9	10	11	12
1	161	200	216	225	230	234	237	239	241	242	243	244
2	18.5	19.0	19.2	19.2	19.3	19.3	19.4	19.4	19.4	19.4	19.4	19.4
3	10.1	9.55	9.28	9.12	9.01	8.94	8.89	8.85	8.81	8.79	8.76	8.74
4	7.71	6.94	6.59	6.39	6.26	6.16	6.09	6.04	6.00	5.96	5.94	5.91

续表

分母自由度 N_2	分子自由度 N_1											
	1	2	3	4	5	6	7	8	9	10	11	12
5	6.61	5.79	5.41	5.19	5.05	4.95	4.88	4.82	4.77	4.74	4.71	4.68
6	5.99	5.14	4.76	4.53	4.39	4.28	4.21	4.15	4.10	4.06	4.03	4.00
7	5.59	4.74	4.35	4.12	3.97	3.87	3.79	3.73	3.68	3.64	3.60	3.57
8	5.32	4.46	4.07	3.84	3.69	3.58	3.50	3.44	3.39	3.35	3.31	3.28
9	5.12	4.26	3.86	3.63	3.48	3.37	3.29	3.23	3.18	3.14	3.10	3.07
10	4.96	4.10	3.71	3.48	3.33	3.22	3.14	3.07	3.02	2.98	2.94	2.91
11	4.84	3.98	3.59	3.36	3.20	3.09	3.01	2.95	2.90	2.85	2.82	2.79
12	4.75	3.89	3.49	3.26	3.11	3.00	2.91	2.85	2.80	2.75	2.72	2.69
13	4.67	3.81	3.41	3.18	3.03	2.92	2.83	2.77	2.71	2.67	2.63	2.60
14	4.60	3.74	3.34	3.11	2.96	2.85	2.76	2.70	2.65	2.60	2.57	2.53
15	4.54	3.68	3.29	3.06	2.90	2.79	2.71	2.64	2.59	2.54	2.51	2.48
16	4.49	3.63	3.24	3.01	2.85	2.74	2.66	2.59	2.54	2.49	2.46	2.42
17	4.45	3.59	3.20	2.96	2.81	2.70	2.61	2.55	2.49	2.45	2.41	2.38
18	4.41	3.55	3.16	2.93	2.77	2.66	2.58	2.51	2.46	2.41	2.37	2.34
19	4.38	3.52	3.13	2.90	2.74	2.63	2.54	2.48	2.42	2.38	2.34	2.31
20	4.35	3.49	3.10	2.87	2.71	2.60	2.51	2.45	2.39	2.35	2.31	2.28
22	4.30	3.44	3.05	2.82	2.66	2.55	2.46	2.40	2.34	2.30	2.26	2.23
24	4.26	3.40	3.01	2.78	2.62	2.51	2.42	2.36	2.30	2.25	2.21	2.18
26	4.23	3.37	2.98	2.74	2.59	2.47	2.39	2.32	2.27	2.22	2.18	2.15
28	4.20	3.34	2.95	2.71	2.56	2.45	2.36	2.29	2.24	2.19	2.15	2.12
30	4.17	3.32	2.92	2.69	2.53	2.42	2.33	2.27	2.21	2.16	2.13	2.09
40	4.08	3.23	2.84	2.61	2.45	2.34	2.25	2.18	2.12	2.08	2.04	2.00
60	4.00	3.15	2.76	2.53	2.37	2.25	2.17	2.10	2.04	1.99	1.95	1.92
120	3.92	3.07	2.68	2.45	2.29	2.17	2.09	2.02	1.96	1.91	1.87	1.83
200	3.89	3.04	2.65	2.42	2.26	2.14	2.06	1.98	1.93	1.88	1.84	1.80
∞	3.84	3.00	2.60	2.37	2.21	2.10	2.01	1.94	1.88	1.83	1.79	1.75
	15	20	24	30	40	50	60	100	120	200	500	∞
1	246	248	249	250	251	252	252	253	253	254	254	254
2	19.4	19.4	19.5	19.5	19.5	19.5	19.5	19.5	19.5	19.5	19.5	19.5
3	8.70	8.66	8.64	8.62	8.59	8.58	8.57	8.55	8.55	8.54	8.53	8.53
4	5.86	5.80	5.77	5.75	5.72	5.70	5.69	5.66	5.66	5.65	5.64	5.63
5	4.62	4.56	4.53	4.50	4.46	4.44	4.43	4.41	4.40	4.39	4.37	4.36
6	3.94	3.87	3.84	3.81	3.77	3.75	3.74	3.71	3.70	3.69	3.68	3.67
7	3.51	3.44	3.41	3.38	3.34	3.32	3.30	3.27	3.27	3.25	3.24	3.23
8	3.22	3.15	3.12	3.08	3.04	2.02	3.01	2.97	2.97	2.95	2.94	2.93
9	3.01	2.94	2.90	2.86	2.84	2.80	2.79	2.76	2.75	2.73	2.72	2.71
10	2.85	2.77	2.74	2.70	2.66	2.64	2.62	2.59	2.58	2.56	2.55	2.54
11	2.72	2.65	2.61	2.57	2.53	2.51	2.49	2.46	2.45	2.43	2.42	2.40
12	2.62	2.54	2.51	2.47	2.43	2.40	2.38	2.35	2.34	2.32	2.31	2.30

续表

分母自由度 N_2	分子自由度 N_1											
	15	20	24	30	40	50	60	100	120	200	500	∞
13	2.53	2.46	2.42	2.38	2.34	2.31	2.30	2.26	2.25	2.23	2.22	2.21
14	2.46	2.39	2.35	2.31	2.27	2.24	2.22	2.19	2.18	2.16	2.14	2.13
15	2.40	2.33	3.29	2.25	2.20	2.18	2.16	2.12	2.11	2.10	2.08	2.07
16	2.35	2.28	2.24	2.19	2.15	2.12	2.11	2.07	2.06	2.04	2.02	2.01
17	2.31	2.23	2.19	2.15	2.10	2.08	2.06	2.02	2.01	1.99	1.97	1.96
18	2.27	2.19	2.15	2.11	2.06	2.04	2.02	1.98	1.97	1.95	1.93	1.92
19	2.23	2.16	2.11	2.07	2.03	2.00	1.98	1.94	1.93	1.91	1.89	1.88
20	2.20	2.12	2.08	2.04	1.99	1.97	1.95	1.91	1.90	1.88	1.86	1.84
22	2.15	2.07	2.03	1.98	1.94	1.91	1.89	1.85	1.84	1.82	1.80	1.78
24	2.11	2.03	1.98	1.94	1.89	1.86	1.84	1.80	1.79	1.77	1.75	1.73
26	2.07	1.99	1.95	1.90	1.85	1.82	1.80	1.76	1.75	1.73	1.71	1.69
28	20.4	1.96	1.91	1.87	1.82	1.79	1.77	1.73	1.71	1.69	1.67	1.65
30	2.01	1.93	1.89	1.84	1.79	1.76	1.74	1.70	1.68	1.66	1.64	1.62
40	1.92	1.84	1.79	1.74	1.69	1.66	1.64	1.59	1.58	1.55	1.53	1.51
60	1.84	1.75	1.70	1.65	1.59	1.56	1.53	1.48	1.47	1.44	1.41	1.39
120	1.75	1.66	1.61	1.55	1.50	1.46	1.43	1.37	1.35	1.32	1.28	1.25
200	1.72	2.62	1.57	1.52	1.46	1.41	1.39	1.32	1.29	1.26	1.22	1.19
∞	1.67	1.57	1.52	1.40	1.39	1.35	1.32	1.24	1.22	1.17	1.11	1.00

附录 13　χ^2 分布的临界值

自由度	显著性水平						
	0.500	0.250	0.100	0.050	0.025	0.010	0.005
1	0.454 937	1.323 30	2.705 54	3.841 46	5.023 89	6.634 90	7.879 44
2	1.386 29	2.772 59	4.605 17	5.991 47	7.377 76	9.210 34	10.596 6
3	2.365 97	4.108 35	6.251 39	7.814 73	9.348 40	11.344 9	12.838 1
4	3.356 70	5.385 27	7.779 44	9.487 73	11.143 3	13.276 7	14.860 2
5	4.351 46	6.625 68	9.236 35	11.070 5	12.832 5	15.086 3	16.749 6
6	5.348 12	7.840 80	10.644 6	12.591 6	14.449 4	16.811 9	18.547 6
7	6.345 81	9.037 15	12.017 0	14.067 1	16.012 8	18.475 3	20.277 7
8	7.344 12	10.218 8	13.361 6	15.507 3	17.534 6	20.090 2	21.955 0
9	8.342 83	11.3887	14.683 7	16.919 0	19.022 8	21.666 0	23.589 3
10	9.341 82	12.548 9	15.987 1	18.307 0	20.484 1	23.209 3	25.188 2
11	10.341 0	13.700 7	17.275 0	19.675 1	21.920 0	24.725 0	26.756 9
12	11.340 3	14.845 4	18.549 4	21.026 1	23.336 7	26.217 0	28.299 5
13	12.339 8	15.983 9	19.811 9	22.362 1	24.735 6	27.688 3	29.819 4
14	13.339 3	17.117 0	21.064 2	23.684 8	26.119 0	29.141 3	31.319 3
15	14.338 9	18.245 1	22.307 2	24.995 8	27.488 4	30.577 9	32.801 3
16	15.338 5	19.368 8	23.541 8	26.296 2	28.845 4	31.999 9	34.267 2
17	16.338 1	20.488 7	24.769 0	27.587 1	30.191 0	33.408 7	35.718 5

续表

自由度	显著性水平						
	0.500	0.250	0.100	0.050	0.025	0.010	0.005
18	17.337 9	21.604 9	25.989 4	28.869 3	31.526 4	34.805 3	37.156 4
19	18.337 6	22.717 8	27.203 6	30.143 5	32.852 3	36.190 8	38.582 2
20	19.337 4	23.827 7	28.412 0	31.410 4	34.169 6	37.566 2	39.996 8
21	20.337 2	24.934 8	29.615 1	32.670 5	35.478 9	38.932 1	41.401 0
22	21.337 0	26.039 3	30.813 3	33.924 4	36.780 7	40.289 4	42.795 6
23	22.336 9	27.141 3	32.006 9	35.172 5	38.075 7	41.638 4	44.181 3
24	23.336 7	28.241 2	33.196 3	36.415 1	39.364 1	42.979 8	45.558 5
25	24.336 6	29.338 9	34.381 6	37.652 5	40.646 5	44.314 1	46.927 8
26	25.336 4	30.434 5	35.563 1	38.885 2	41.923 2	45.641 7	48.289 9
27	26.336 3	31.528 4	36.741 2	40.113 3	43.194 4	46.963 0	49.644 9
28	27.336 3	32.620 5	37.915 9	41.337 2	44.460 7	48.278 2	50.993 3
29	28.336 2	33.710 9	39.087 5	42.556 9	45.722 2	49.587 9	52.335 6
30	29.336 0	34.799 8	40.256 0	43.772 9	46.979 2	50.892 2	53.672 0
40	39.335 4	45.616 0	51.805 0	55.758 5	59.341 7	63.390 7	66.765 9
50	49.334 9	56.333 6	63.167 1	67.504 8	71.420 2	76.153 9	79.490 0
60	59.334 7	66.981 4	74.397 0	79.081 9	83.297 6	88.379 4	91.951 7
70	69.334 4	77.576 6	85.527 1	90.531 2	95.023 1	100.425	104.215
80	79.334 3	88.130 3	96.578 2	101.879	106.629	112.329	116.321
90	89.343 2	98.649 9	107.565	113.145	118.136	124.116	128.299
100	99.334 1	109.141	118.498	124.342	129.561	135.807	140.169

教师服务

感谢您选用清华大学出版社的教材！为了更好地服务教学，我们为授课教师提供本书的教学辅助资源，以及本学科重点教材信息。请您扫码获取。

教辅获取

本书教辅资源，授课教师扫码获取

样书赠送

统计学类重点教材，教师扫码获取样书

清华大学出版社

E-mail: tupfuwu@163.com
电话：010-83470332 / 83470142
地址：北京市海淀区双清路学研大厦 B 座 509

网址：https://www.tup.com.cn/
传真：8610-83470107
邮编：100084